LNG 接收站库存管理与控制

郑云萍 李 薇 主编

石油工业出版社

内 容 提 要

本书从LNG供应链中LNG的购买、运输、储存和外输环节出发，系统性地研究了LNG接收站的库存管理与控制问题，主要内容包括：库存管理与控制基础理论、LNG接收站库存管理特点、LNG接收站下游市场需求预测、LNG接收站的安全库存水平、LNG接收站库存控制模型研究等。

本书适合LNG接收站的专业人员及相关从业者学习、参考使用。

图书在版编目(CIP)数据

LNG接收站库存管理与控制/郑云萍,李薇主编.
北京:石油工业出版社,2015.3
ISBN 978-7-5183-0613-8

Ⅰ. L…

Ⅱ. ①郑…②李…

Ⅲ. 液化天然气储存

Ⅳ. TE82

中国版本图书馆CIP数据核字(2015)第014328号

出版发行:石油工业出版社
(北京安定门外安华里2区1号　100011)
网　　址:www.petropub.com
编辑部:(010)64269289　发行部:(010)64523620
经　销:全国新华书店
印　刷:北京中石油彩色印刷有限责任公司

2015年3月第1版　2015年3月第1次印刷
787×1092毫米　开本:1/16　印张:5
字数:87千字
定价:15.00元
(如出现印装质量问题,我社发行部负责调换)
版权所有,翻印必究

前　　言

随着我国经济的高速发展,天然气的需求将迅速增长,而我国常规天然气资源有限,需要大量进口液化天然气(LNG)来弥补天然气的供需缺口,因此,LNG 接收站的建设也蓬勃发展。LNG 接收站作为 LNG 供应链的中转站,起到承上启下的作用,只有匹配好 LNG 储罐的可接卸量与 LNG 船的卸货量,才能保证接收站的正常工作,避免接收站出现缺货或超货现象。这就要求从 LNG 供应链的角度对接收站的库存进行管理与控制。然而,我国对 LNG 接收站的研究尚处于起步阶段,还没有从 LNG 供应链的角度对接收站的库存进行研究。因此,本书从 LNG 供应链的角度出发,利用物流库存系统中的库存管理与控制方法来研究 LNG 接收站的库存控制问题。

本书从 LNG 供应链中 LNG 的购买、运输、储存和外输环节出发,系统性地研究了 LNG 接收站的库存管理与控制。调研了物流系统中的库存管理与控制基础理论,对库存控制问题的三种基础模型进行筛选,确定了 LNG 接收站的库存管理与控制问题属于确定性非均匀需求库存问题。在此基础上,结合 LNG 接收的库存管理特点,提出采用静动不确定策略建立 LNG 接收站的库存控制模型。

本书通过对灰色预测法、回归分析法以及神经网络预测法进行比选,结合 LNG 接收站库存管理特点,确定采用中长期预测效果较好的灰色预测法来预测 LNG 接收站下游市场的需求。采用灰色预测中的 GM(1,1)模型对 LNG 接收站的外输量历史数据进行处理,预测 LNG 接收站下游市场的需求量,计算 LNG 接收站的最大、最小以及安全库存水平,制定接收站的库存控制策略。在此基础上,对基于静动不确定策略的确定性非均匀需求库存控制模型进行改进,针对 LNG 的三种运输方式分别建立各自的库存控制模型,在保证接收站正常运营的前提下,使 LNG 供应链的年期望总成本最低。以 W－W 算法(美国的 Wagner－Whitin 提出的剔除法)对模型进行求解,确定出 LNG 接收站的最优船型、最优订货量及最优到货时间点,制定年度最优订货计划。针对基于静动不确定策略建立的 LNG 接收站库存控制模型存在接收站的部分需求实现后不能保证原订货计划的最优性的缺点,建立了基于滚动计划的 LNG 接收站库存控制模型。该模型在部分需求实现后以接收站的实际库存量更新原预测值,对需求未实现部分的库存量进行重新预测,从而判断接收站在需求未实现的时间段内是否会出现超货或缺货现象,如果出现,确定其出现的时间点、超货量及缺货量,制定相应的增加 LNG 现货贸易或增加 LNG 外输量的滚动计划,保证接收站的安全运营。

  本书由郑云萍担任主编,负责撰写提纲、组织编写和最后的统稿工作。参加编写的人员还有李薇和夏丹。本书的编写还得到了李伟、章泽华的大力帮助,在此表示衷心的感谢!

  本书在编写过程中,参考了大量相关书籍和资料,特向文献、资料的原著者表示衷心的感谢!

  由于作者水平有限,对供应链管理这一领域涉及的知识和内容研究还不够深入,加之国内尚无资料从供应链的角度对 LNG 接收站的库存管理与控制进行介绍,书中难免有不当或错误之处,恳请读者、专家、学者给予批评指正。

编者

2014 年 8 月

目　　录

第1章　绪论 ·· (1)
  1.1　引言 ·· (1)
  1.2　国内外研究现状 ·· (3)
  1.3　研究目的与意义 ·· (7)

第2章　库存管理与控制基础理论 ··· (9)
  2.1　单周期库存控制模型 ··· (9)
  2.2　确定性均匀需求库存控制模型 ···································· (10)
  2.3　确定性非均匀需求库存控制模型 ································· (13)
  2.4　本章小结 ·· (18)

第3章　LNG 接收站库存管理研究 ······································· (19)
  3.1　LNG 接收站库存管理特点 ·· (19)
  3.2　LNG 接收站下游市场需求预测 ·································· (23)
  3.3　确定 LNG 接收站的最大/最小库存水平 ······················· (31)
  3.4　确定 LNG 接收站的安全库存水平 ······························ (32)
  3.5　LNG 接收站储备能力研究 ·· (33)
  3.6　LNG 接收站储备时间研究 ·· (34)
  3.7　本章小结 ·· (34)

第4章　基于静动不确定策略的 LNG 接收站库存控制模型 ········ (36)
  4.1　LNG 接收站库存控制策略的制定 ······························· (37)
  4.2　建立基于静动不确定策略的 LNG 接收站库存控制模型 ···· (41)
  4.3　求解基于静动不确定策略的 LNG 接收站库存控制模型 ···· (56)
  4.4　制定 LNG 接收站的年度最优订货计划 ························ (56)
  4.5　本章小结 ·· (57)

第5章　基于滚动计划的 LNG 接收站库存控制模型 ················· (58)
  5.1　建立基于滚动计划的 LNG 接收站库存控制模型 ············ (59)
  5.2　求解基于滚动计划的 LNG 接收站库存控制模型 ············ (62)
  5.3　制定 LNG 接收站的滚动计划 ···································· (62)
  5.4　本章小结 ·· (66)

参考文献 ·· (67)

第1章 绪 论

1.1 引言

我国天然气的需求随着经济的高速发展而快速增长,每年的增长速率高达11.8%,供需缺口巨大,至2020年我国天然气对外依存度将达到或超过40%[1]。为确保未来我国天然气供应安全,应加大天然气的勘探开发力度,但是我国常规天然气资源有限,需要进口国外天然气来弥补国内资源的不足。进口天然气的途径有两种,一种是直接以天然气的形式通过管道输送,另一种是以液化天然气(Liquefied Natural Gas,简称LNG)的形式利用船舶运输[2]。2006年,我国开始从卡塔尔、澳大利亚等国进口LNG,2008年LNG进口量为334×10^4t,2009年为552×10^4t,2010年增加到936×10^4t,2011年已达到1221×10^4t,年均增长速率高达53.4%。预计未来几年,我国对LNG的需求还将继续快速上升,2015年将达到2500×10^4t;2020年将达到4600×10^4t[3]。

LNG的主要成分为甲烷,是一种干净清洁的能源,具有很高的热值,体积约为气态体积的1/625,所以LNG更有利于远距离运输,特别是在无法使用管道输送的地区,应用前景广阔[4]。同时,LNG气源可有效改善城市燃气管网系统的调峰能力,增加天然气储备,保证用气高峰时期也能安全、稳定地对下游市场供气[5]。另外,利用国际资源进口LNG,并对其进行储备,可以缓解国内天然气生产和储气库的压力。LNG接收站的建设不仅使LNG的运输更方便,还可与海上天然气登陆衔接、与陆上燃气管网系统贯通,形成多种气源的互补。

我国LNG接收站的建设虽然起步晚但发展迅速。1995年,中国海洋石油总公司开始研究LNG项目;1999年底,广东LNG项目立项[6]。随后,中国石油天然气集团公司(中石油)、中国石油化工集团公司(中石化)、中国海洋石油总公司(中海油)陆续在北起辽宁、河北、天津、中至山东、上海、福建,南至海南、广西、广东的沿海地区开展LNG项目的运营建设工作。2006年,广东大鹏LNG项目正式投产,拉开了中国规模化进口LNG的序幕。目前,沿海地区已建和拟建的LNG项目共25个,其中,已经投产运营的有9个;正在建设的有2个;处于前期研究中的有14个[7-13],见表1-1。

表1-1 我国已建、在建和拟建的LNG接收站

现　　状	LNG接收站	主要股东	投产时间
已建LNG接收站	广东大鹏	中海油	2006
	福建	中海油	2008
	上海	中海油	2009
	江苏如东	中石油	2011
	辽宁大连	中石油	2011
	浙江宁波	中海油	2012
	天津浮式(FSRU)	中海油	2013
	河北唐山	中石油	2013
	珠海	中石油	2013
在建LNG接收站	海南	中海油	2014
	山东青岛	中石化	2014
开展前期工作	深圳迭福	中海油	2015
	深圳大铲岛	中石油	2015
	粤东	中海油	2015
	粤西	中海油	2015
	山东烟台	中海油	2015
	辽宁营口	中海油	2015
	辽宁锦西	中石油	—
	盐城浮式(FSRU)	中海油	—
	钦州	中石油	—
	湖北	中石油	—
	广西	中石化	2015
	天津LNG	中石化	2015
	江苏连云港LNG	中石化	2018
	珠海黄茅岛LNG	中石化	2018

LNG接收站由接收站码头和LNG储罐两大部分组成,LNG运输船抵达接收站码头后进行LNG卸货并将LNG储存在储罐,下游市场有需求时再进行外输。根据贸易合同要求及港口管理规定,在LNG运输船抵港靠泊前需要进行船岸匹配,LNG船必须在规定的时间内完成LNG的卸货并离港,否则将支付一定的滞港违约金。因此,LNG接收站在LNG船来船前和LNG卸货过程中必须密

切关注储罐的液位,计算其剩余储存空间,保证在规定时间内完成 LNG 的卸货作业。尤其在下游市场需求量大、LNG 来船频繁的冬季,当接收站的 LNG 储罐数较少时,匹配好储罐的可接卸量与计划卸货量之间的关系就显得极其重要[14]。这就要求从 LNG 供应链的角度出发,对 LNG 的生产、运输、储存和销售进行研究。

作为一个 LNG 进口国,我国 LNG 供应链的研究内容主要包括 LNG 的购买、运输、储存和外输环节,各环节相互制约、相互影响[15]。LNG 接收站的库存量同时受上游船运和下游市场需求的影响,上游船运决定了 LNG 的供给量,下游市场需求决定了 LNG 的输出量,只有供给量大于需求量时才会产生库存[16]。因此,有必要将上游船运、中游储罐及下游市场看作一个系统来研究 LNG 接收站库存量随时间的变化情况,在此基础上对库存进行管理与控制。

对 LNG 接收站库存量的控制是极其重要的,控制不当或控制不准确就会导致接收站出现缺货或超货现象。LNG 接收站缺货是指由于 LNG 的供应延迟或下游需求增大造成接收站出现供不应求的现象。接收站超货是指由于 LNG 的供应提前或下游需求变小造成的接收站出现供大于求的现象。缺货和超货都会严重影响接收站的正常工作,缺货时接收站不能向下游市场提供 LNG,这将严重影响下游用户的正常生活;超货时 LNG 储罐的剩余储存空间不能容纳 LNG 船的卸货量,这将导致 LNG 船滞港,不仅需要支付滞港违约金,还会影响下一艘 LNG 船的卸货,出现 LNG 船排队等待的现象。

因此,只有正确地预测 LNG 接收站下游市场的需求量、对 LNG 船的运输计划进行合理的安排,才能达到对 LNG 接收站的库存量进行管理与控制的目的,从而保证 LNG 接收站的供给和外输环节的完美衔接。

1.2 国内外研究现状

要对 LNG 接收站的库存进行管理与控制,就要从 LNG 供应链的角度对各个环节进行研究。因此,就国内外在这方面的研究现状进行了调研。

1.2.1 国外研究现状

国外多从 LNG 供应链中 LNG 的生产、运输、储存和销售进行整体分析,通过对船运路线、船运计划的优化来合理控制 LNG 接收站库存量,并在此基础上达到总成本最低的目的。

20 世纪 80 年代初,国外首先利用可视化交互仿真建模的方法建立 LNG 供应链的优化模型,以量化的性能来判断 LNG 供应链的经济性。

Avery 等[17]于 1992 年提出一个非常详细的 LNG 供应链优化模型,对供应链中 LNG 的生产、购买、储存和外输系统进行优化,在满足天然气需求量的情况下,最大限度地降低总成本。该优化模型已被用于实际规划运营,并以 Questar 管道公司为例进行模拟,模拟结果表明,该模型在满足合同规定的需求量的基础上,达到了降低总成本的目的。

Christiansen 等[18]于 1999 年提出一个同时考虑库存管理与控制和船运路线规划的方法。该方法通过丹沃尔夫分解法求解船运路线和库存管理问题。计算结果表明该方法适用于实际规划。

Kuwahara 等[19]于 2000 年针对巴西亚马孙地区开发了非线性模型来优化 LNG 的供应,通过逐次线性化策略求解该模型,模拟结果表明该模型能非常有效地用于 LNG 供应系统的优化。

Christiansen 等[20]于 2002 年提出一个以船运路线和调度优化为基础的决策支持系统,分以下三个部分对船运路线及调度问题进行研究:首先,从战略层讨论船舶与海上运输系统的设计;接着,从战术层和可操作层分析船运路线及调度问题;最后,对船运路线和调度进行基于决策支持系统的优化。

Gary 等[21]于 2003 年运用离散事件仿真模型对 LNG 的生产、储存、海上运输进行模拟,以达到最大化 LNG 供应链效率、节省成本的目的。在保证长期贸易合同的基础上,应抓住现货贸易机会,最大限度地降低 LNG 供应链的期望总成本,提高资产利用率。但是,LNG 供应链的影响因素很多,包括天气变化、设备故障、潮汐影响、季节性需求变化等,这些因素之间相互影响且往往相互冲突。因此,提出使用仿真模型从整体上分析供应链的影响因素,从而提高盈利能力。

Özelkan 等[22]于 2008 年采用混合整数规划模型(Mixed – integer Programming Model,简称 MIP 模型)对 LNG 接收站的供应链进行优化设计。在考虑接收站储罐容量与 LNG 船的计划卸船量的对接能力以及接收站外输量的情况下,利用混合整数规划模型将各影响因素考虑到 LNG 的采购中。该模型已被用于美国马里兰州 LNG 接收站的库存管理与控制中。

Andersson 等[23]于 2009 年指出了联合库存管理与海运路线的重要性,进一步研究了其相关领域,并从工业角度出发说明了使用先进的决策支持系统在联合库存管理中能获得的最大利益。

Grønhaug 等[24]于 2009 年采用库存路线(Inventory Rourting)分别为弧线和直线的模型来优化 LNG 供应链问题,对 LNG 船、天然气液化工厂及气化终端进行基于决策支持的优化管理。基于实际规划问题,建立了库存路线分别为弧线和直线的库存控制模型。在实际运用中对两种模型进行测试和比较,结果表明,只有一小部分 LNG 供应链优化问题能通过该方法得到最优解。

Andersson 等[25-26]于 2010 年介绍了 LNG 供应链,并提出了船运方案和库存管理的规划问题,两个规划问题的不同特点反映了 LNG 供应商和集 LNG 生产与销售为一体的综合性公司的规划情况。对联合库存管理和运输规划分别建立了混合整数规划模型,其中一个模型用于天然气生产公司制定年度营销计划(Annual Delivery Programme,简称 ADP),另一个模型用于有天然气液化工厂和再气化终端的综合性公司建立营销计划、优化船期方案。

Rakke 等[27]于 2011 年提出采用混合整数规划模型制定年度营销计划,并应用滚动启发式算法(Rolling Horizon Heuristic,简称 RHH)求解该模型。模型要解决的是液化工厂的 LNG 库存、LNG 船的船期、路线及调度问题,目的在于以最低的成本创建一个基于长期贸易合同的年度营销计划,并且最大限度地提高 LNG 现货贸易的收入。采用滚动启发式算法对模型进行求解,可通过迭代求解子问题的算法,在规定的时间内找到合理的解决方案。

综上所述,虽然国外对 LNG 的库存管理和运输规划有比较深入的研究,对我国 LNG 接收站的库存管理与控制有一定参考作用,但国外的研究是从 LNG 供应链中的液化、储存、运输及销售角度出发,以 LNG 的出口总成本最小为目的制定年度营销计划。而针对我国需要进口 LNG 的实际情况,LNG 接收站库存管理与控制的研究需要从 LNG 的购买、运输、储存及气化外输的角度出发,不考虑 LNG 的生产及销售环节,以 LNG 的进口总成本最小为目的制定年度订货计划。因此,国内外的研究出发点和目的不同,不能一味地参照国外的研究思路和模型,而需要对我国 LNG 接收站工作的各环节进行详细分析,从而制定适用于我国 LNG 接收站的库存控制模型。

1.2.2 国内研究现状

我国 LNG 接收站的建设尚处于起步阶段,对 LNG 接收站库存管理与控制的研究尚属空白,对 LNG 供应链研究尚无经验可循。国内学者没有以物流系统中的库存管理与控制方法对 LNG 接收站的库存量进行研究,也没有从 LNG 供应链的角度对接收站进行系统地分析,而仅仅是对 LNG 供应链中的某个部分进行了单独研究。下面分别对已研究部分进行概述,已研究内容包括天然气负荷预测、LNG 订货计划中的船运安排及接收站的储备能力。

(1)天然气负荷预测。

刘涵等[28]于 2004 年提出采用基于最小二乘支持向量机的方法对天然气的负荷进行预测。

焦文玲等[29]于 2005 年详细分析了定量预测法中的时间序列预测法,在对燃气负荷变化的多样性及特殊性进行阐述的基础上,系统地研究了天然气负荷的基础理论及其应用,建立了城市燃气负荷预测体系。该体系包括负荷工况分析、负荷相关资料调查、负荷变化规律分析、负荷预测方法的制定及负荷预测模型的建立。

李庆生[30]于2006年利用人工神经网络预测法对武汉市的月用气总量进行了预测。预测结果表明,该预测方法有一定实用价值,建立的预测模型是可行的,而且具有较高的预测精度。

苏欣等[31]于2007年对各类城市燃气用户的负荷特点进行了调研,对现有的负荷预测方法进行了概述。详细介绍了基于人工智能的预测法、基于统计学的预测法以及灰色预测法。在对各种方法的适用条件及特点进行对比分析后,提出建立天然气负荷预测模型体系。从历史数据的拟合程度来判断,该体系是可信的,有较好的预测精度。

从以上分析可知,天然气负荷的预测多采用定量预测法,主要有人工神经网络预测法、灰色预测法以及统计预测法。城市天然气负荷预测的研究对LNG接收站下游市场的需求预测有一定借鉴作用,为本书需求预测中各类预测方法的比选奠定了基础。

(2)LNG订货计划的制订。

初良勇[32]于2000年制定了我国进口LNG的船型论证方案,建立了相应的数学模型,并以运输成本最低为目标对模型进行求解,从而比选出最优船型;然后,利用Visual Basic语言对LNG船型的论证体系进行编程,得到各论证方案的结果。

黄俊林[33]于2005年提出了广东进口LNG的船型论证方案,以LNG船的总成本最小为目标建立LNG船的优化模型,对单船运输方案和船队运输方案进行了经济论证,确定出适用于广东进口LNG的最优船型。

黄涛[34]于2012年对LNG船的运输航线进行了详细研究,在此基础上,制定了LNG船运输航线的风险评估指标体系,并且基于模糊网络分析法(Fuzzy Analytic Network Process,简称F-ANP)建立了LNG船运输航线的风险评估模型。利用该模型对海南某LNG船进行实例计算,对LNG船的航线进行了风险评估,确定出风险最小的航线、选择出LNG船队的最优船型。

上述研究从经济论证的角度出发,以运输成本最低为目标选择最优船型的方法为本书最优船型的选择提供了思路。LNG接收站的订货计划除了上述最优船型的选择、船队方案的匹配及航线的风险评估以外,还应包括LNG接收站的最优订货量和最优订货点的确定。目前,国内还没有对此进行研究,因此,本书将从物流系统中库存管理与控制的角度出发,在保证LNG接收站的库存量处于最优库存水平的基础上,确定其最优订货量和订货点。

(3) LNG 接收站储备能力研究。

叶郁等[35]于 2006 年对 LNG 接收站的储备能力进行了初步探讨,具体分析了其影响因素;对 LNG 接收站的工艺进行了概述,对工艺方案进行了描述,详细分析了影响 LNG 接收站储备能力及 LNG 船运输能力的各种因素,提出了一个能满足接收站调峰要求的工艺算法。

郑云萍等[36]于 2010 年分析了 LNG 接收站系统的离散混合特性,在此基础上,以离散事件建模方法中的库存控制模型为基础模型,结合 LNG 接收站的库存管理特点,对物流系统中的经典库存控制模型进行改进,建立了 LNG 接收站的外输能力数学模型和储备能力数学模型。

综上所述,目前国内还没有对 LNG 接收站的库存管理与控制进行研究,只对 LNG 供应链中的天然气负荷预测、最优船型、航运路线及储备能力进行了单独研究,没有从 LNG 供应链的角度出发将下游市场、中游储罐及上游船运看作一个系统对接收站的库存进行管理与控制。虽然国外对 LNG 供应链的研究比较成熟,但是国外是从 LNG 出口国的角度出发建立库存控制模型[37-41]。而针对我国需大量进口 LNG 以满足用户市场需求的情况,应从 LNG 进口国的角度出发建立库存控制模型,建模思路不同。同时,国外的研究目的在于最大限度降低 LNG 的出口成本,而我国的研究目的在于降低 LNG 的进口成本,建模目的不同。所以,需要对我国 LNG 供应链的各环节进行详细分析,建立适用于我国的 LNG 接收站库存控制模型。

1.3 研究目的与意义

1.3.1 研究目的

我国天然气供需缺口越来越大,LNG 进口量一年比一年多,据《2013—2017 年中国 LNG 行业发展前景与投资预测分析报告》预测,我国在 2020 年的 LNG 进口量将超过 4600×10^4 t。因此,我国急需建设大量 LNG 接收站,通过进口 LNG 来满足下游市场的需求。但是,我国对 LNG 接收站的研究尚处于起步阶段,还没有对 LNG 供应链中的上游供应、中游储存及下游外输进行系统地研究,也没有从物流的角度对接收站的库存进行管理与控制。

对 LNG 供应链进行系统地分析,有利于合理有序地发展下游市场,经济安全地建设中游储罐,科学地制定 LNG 项目用气计划,实现天然气资源的综合优化利用。应对 LNG 接收站的库存进行管理与控制,从 LNG 供应链的角度出发,以供应链期望总成本最低为目标建立 LNG 接收站的库存控制模型。在保证接收站的正常运营,不出现缺货或超货的基础上,最大限度地降低 LNG 供应链的期望总成本。

1.3.2 研究意义

本书的研究意义主要体现在以下五个方面:

(1)从 LNG 进口国的角度出发,研究 LNG 供应链中 LNG 的购买、运输、储存和外输环节,在保证接收站正常运营的基础上,最大限度地降低供应链的期望总成本。

(2)对 LNG 接收站的库存进行管理与控制,防止接收站发生缺货或超货现象,在保证接收站的库存量能时刻满足下游市场需求的同时,储罐应有足够的剩余储存空间接纳 LNG 船的卸货量,确保 LNG 接收站及码头的正常工作。

(3)在库存量的基础上,计算 LNG 接收站的储备能力和储备时间,对合理进行 LNG 接收站的储备规划、科学调动 LNG 接收站的船运资源具有指导性意义;为 LNG 接收站的规划、改建、扩建、功能定位及功能调整提供参考依据。

(4)对 LNG 接收站的订货计划进行研究,为最优订货量和订货点的确定提供决策支持,对船型选择、合理安排船期有一定参考价值。

(5)该研究方法与成果对其他已建、拟建 LNG 接收站具有较好的参鉴作用。

综上所述,对 LNG 接收站库存管理与控制的研究具有重要意义。

第 2 章 库存管理与控制基础理论

库存是指企业在生产和经营的过程中为满足现在和将来的需求而储存的有价值的资源,包括原材料、燃料、成品、半成品和制品等[42]。

库存管理是企业在生产和运营过程中为供应与需求的不平衡建立的缓冲区,是企业能正常运营的最关键步骤。合理的库存既可以满足不确定的下游市场需求,也可以缓解运营过程中不可预测的问题。库存量过大会占用大量流动资金,使企业资金的周转受到限制,降低企业的市场运作能力;库存量过小会造成缺货,使企业不能正常运营。因此,库存管理与控制的目的在于使企业时刻维持适量的库存量,合理利用企业的流动资金,在保证企业正常服务的基础上使其总成本最低[43-46]。其目的可总结为:将客户所需的产品在规定的时间内按规定的数量送到规定的地点,使总成本最低。要解决的主要问题包括最优订货点、最优订货量及最优订货提前期的确定[47]。

库存管理与控制的基本模型包括单周期库存控制模型、确定性均匀需求库存控制模型和确定性非均匀需求库存控制模型[48]。本章主要对上述各基本模型进行筛选,确定出适用于 LNG 接收站库存控制问题的基本模型,为接收站库存控制模型的建立奠定基础。

2.1 单周期库存控制模型

单周期库存控制模型也称为单周期订货模型,该模型主要用于对易腐烂的物品及有效期很短的产品的订货。单周期库存控制的关键在于妥善地管理好单周期需求[49]。单周期需求是指一次性订货,该次订货后企业不再订货。单周期库存问题的决策侧重于最优订货量的确定,不需要确定最优订货时间点,最优订货量直接为需求预测量。因此,单周期库存控制问题首先要保证需求预测的准确性。

但是,单周期库存的订货量与实际需求量往往是不一致的,可能为订货量小于需求量,导致企业失去潜在的销售机会;也可能为订货量大于需求量,造成企业的所有未销售物品可能以低于成本的价格出售。

LNG 接收站通过从国外进口 LNG 在站内进行储存和外输,以满足下游市场的用气需求。市场对 LNG 的需求是重复的、连续的,而接收站的 LNG 库存量有限,这就需要不断地进口 LNG 对库存进行补充才能满足下游市场的需求。因此,LNG 接收站的库存管理与控制不属于单周期库存问题。

2.2 确定性均匀需求库存控制模型

已知需求率与订货提前期的库存控制问题为确定性问题。其中,需求率是指企业在单位时间内对货物的需求量。订货提前期是指发出订货与该订货到达之间的时间。均匀需求库存控制问题是多周期需求问题。多周期需求是指在在计划时间段内对某物品的需求是连续的,使其库存得到不断的补充。

确定性均匀需求库存控制模型包括经济订货批量模型、经济生产批量模型、有数量折扣的经济订货批量模型和允许缺货的经济订货批量模型[43]。其中,经济生产批量模型和有数量折扣的经济订货批量模型明显不适用于 LNG 接收站的库存管理与控制,因此,下面主要对经济订货批量模型和允许缺货的经济订货批量模型进行详细介绍。

2.2.1 经济订货批量模型

经济订货批量(Economic Order Quantity,简称 EOQ)模型是通过对订购货物的年总费用进行计算,使年总成本(购买成本、订购成本、库存维持成本)最小的订货量就是最优订货量[50]。其中,购买成本由货物的单价和订货数量决定;订货成本是订购一批货物所需支出的费用,如与供应商的联系费用、采购人员的差旅费等;库存维持成本是维护一定数量库存所需要支付的费用,包括管理人员的工资、场地的租金、保险费及利息等。EOQ 模型的库存变化如图 2-1 所示。

从图 2-1 可看出企业的最大库存水平为 Q,最小库存水平只能低至零,这就意味着该企业不允许发生缺货,库存按固定的需求率 D 减少,当库存量降为零时,库存立即得到补充,时刻保证库存量大于最小库存水平。在库存降低到订货点 R 时企业发出订货,该订货 Q 经过一个固定的订货提前期 L_T 后实现到货,库存量立即得到补充,增加到最大库存水平 Q。定义 H 为物品的单位库存维持成本、S 为单次订货成本、C 为物品的单价、Q 为最大库存水平,那么 EOQ 模型的总费用 TC 可表示为:

$$TC = \frac{1}{2}QH + \frac{DS}{Q} + CD \qquad (2-1)$$

将式(2-1)对 Q 求导,并令其一阶导数等于零,可得最优订货量 Q^*:

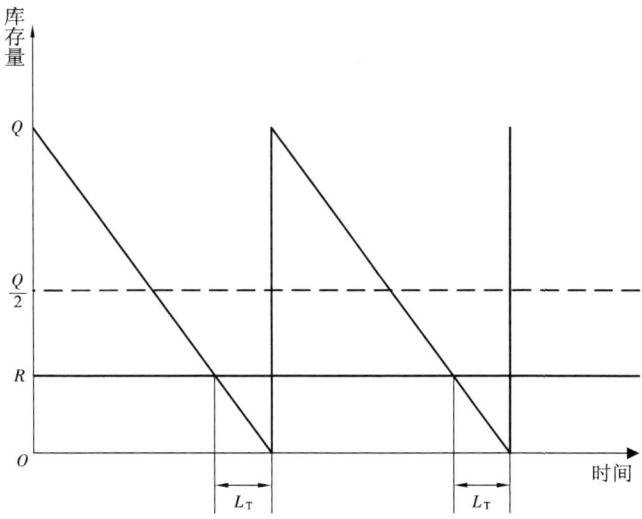

图 2-1 EOQ 模型的库存变化图

$$Q^* = \sqrt{\frac{2DS}{H}} \quad (2-2)$$

2.2.2 允许缺货的经济订货批量模型

对于一些缺货不影响企业声誉的情况,可以允许缺货现象的发生。允许缺货比不允许缺货的库存量要小,保管费也相对少。但是,缺货要支付一定的缺货损失费,当该损失费大于减少的保管费时,缺货就不合算,因此只有合理控制该缺货量才能使企业利益最大化。允许缺货的 EOQ 模型的库存变化如图 2-2 所示。

图 2-2 中 Q_s 为一周期内的最大缺货量,每批的订货量 Q 为最大缺货量 Q_s 与最大库存水平 Q_1 之和。在 $[0,T]$ 时间段内平均库存量 $\overline{Q}$ 表示为:

$$\overline{Q} = \frac{Q_1 t_1}{2T} \quad (2-3)$$

平均缺货量 Q_q 表示为:

$$Q_q = \frac{Q_s(T - t_1)}{2T} \quad (2-4)$$

定义 H 为单位库存维持成本,在 $[0,T]$ 时间段内的库存维持总成本 TC_1 表示为:

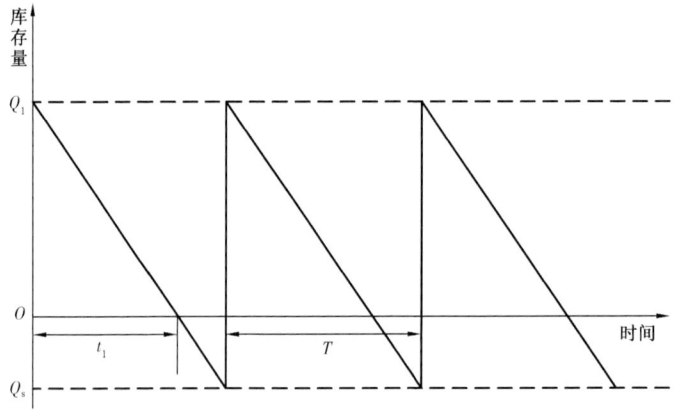

图 2-2 允许缺货的 EOQ 模型的库存变化图

$$TC_1 = \frac{1}{2}HQ_1t_1 \qquad (2-5)$$

定义单次订货成本为 S，物品单价为 C，单位缺货成本为 C_q，则其在 $[0,T]$ 时间段内的总成本 TC 表示为：

$$TC = \frac{1}{2}HQ_1t_1 + \frac{1}{2}C_q(Q - Q_1)(T - t_1) + S + CQ \qquad (2-6)$$

用总成本 TC 除以总时间 T 可得到单位时间内的总成本 $\overline{TC}$，表示为：

$$\overline{TC} = \frac{HQ_1t_1}{2T} + \frac{C_q(Q - Q_1)(T - t_1)}{2T} + \frac{S}{T} + \frac{CQ}{T} \qquad (2-7)$$

以 Q, Q_1, T, t_1 为决策变量，以总费用最低为目标函数建立优化模型：

$$\min\left[\frac{HQ_1t_1}{2T} + \frac{C_q(Q - Q_1)(T - t_1)}{2T} + \frac{S}{T} + \frac{CQ}{T}\right]$$

s. t. $\quad Q = DT \qquad (2-8)$

$\qquad Q_1 = Dt_1$

$\qquad Q \geqslant 0, Q_1 \geqslant 0, T \geqslant 0, t_1 \geqslant 0$

将目标函数分别对 Q 和 Q_1 求偏导，令其偏导为 0，可得优化模型的最优解，表示为：

$$Q^* = \sqrt{\frac{2DS(H + C_q)}{HC_q}} \qquad (2-9)$$

$$Q_1^* = \sqrt{\frac{2DSC_q}{H(H+C_q)}} \qquad (2-10)$$

综上所述,以上两种模型都是确定性均匀需求库存控制问题,需求率为常数。但是,LNG 接收站的供气对象包括公共建筑用气、居民生活用气和企业生产用气。其中,居民生活用气量由于气候条件和居民生活水平等因素的影响波动较大,存在一定的用气不均匀性[51],并且 LNG 接收站下游市场单位时间内的需求量也不同,受季节影响波动较大,特别是在冬季的用气高峰期间,需求量会大幅上升。因此,LNG 接收站的库存管理与控制不属于均匀需求库存控制问题。

2.3 确定性非均匀需求库存控制模型

在现实生产中常遇到非均匀需求问题,如果需求是已知的,就是确定性非均匀需求问题,该问题侧重于求解使库存总成本最低的订货量。

LNG 接收站每天的外输量是不均匀的,且接收站的储罐数量有限,库存量有一定范围,这就决定了 LNG 接收站的需求量也是不均匀的。因此,非均匀需求库存控制模型适用于 LNG 接收站的库存管理与控制。常用的非均匀需求库存控制模型主要有以下两种:库存管理绩效较好的基于静动不确定策略的库存控制模型和基于滚动计划的库存控制模型。下面将对这两种模型进行详细介绍,以确定哪类模型更适用于 LNG 接收站的库存管理与控制。

2.3.1 基于静动不确定策略的非均匀需求库存控制模型

静动不确定策略是在计划时间段开始之前便确定出整个时间段内每期的订货点和订货量,其中订货点不能改变,但订货量可以根据上一期的需求实现后进行调整,以上一期的实际库存量来确定下一期的订货量,以保持订货计划的最优性[52]。

将计划时间段 TT 等分为 T 期,定义每期的需求为 $D_t(t=1,2,\cdots,T)$,需求密度函数为 f_t,单位物品的库存维持成本为 h_t,单位物品的缺货成本为 π_t,物品的固定订货成本为 K_t,可变订货成本为 c_t。其中,固定订货成本取决于总订货次数,可变订货成本取决于单次订货量和总订货次数。该模型的库存关系如图 2-3 所示,图中 x_t 为第 t 期的订货量,d_t 为第 t 期的需求量,T 为第 t 期的订货提前期。

以 TT 期内的期望总成本最小为目标函数,以订货点 z_t 和订货量 x_t 为决策变量建立库存控制模型,定义在 t 期订货则 $z_t=1$,不订货则 $z_t=0$,那么确定变

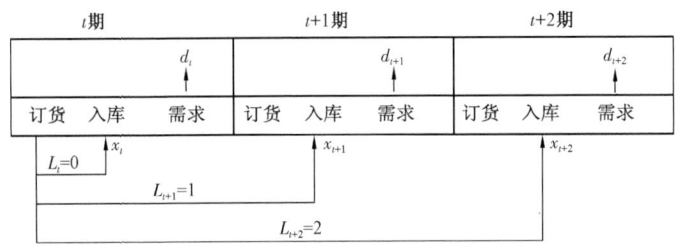

图2-3 库存关系示意图

量 x_t 和 z_t 的模型可表示为:

$$\min\left\{\sum_{t=1}^{T}(K_t z_t + c_t E[x_t] + h_t E[I_t^+] + \pi_t E[I_t^-])\right\}$$

s.t. $I_t = I_{t-1} + x_{t-1} - D_t, t = 1,2,\cdots,T$

$x_t \leq N z_t, t = 1,2,\cdots,T$

$x_t \geq 0, t = 1,2,\cdots,T$ (2-11)

$z_t \in \{0,1\}, t = 1,2,\cdots,T$

$E[I_t^+] = E[\max\{I_t, 0\}], t = 1,2,\cdots,T$

$E[I_t^-] = E[\max\{-I_t, 0\}], t = 1,2,\cdots,T$

式中 I_t——第 t 期末的库存;
　　　N——足够大的正整数。

式(2-11)中,在时间段 TT 前与订货相关的项 $\sum_{t=1}^{l}(h_t E[I_t^+] + \pi_t E[I_t^-])$ 与时间段 TT 的订货决策优化无关,因此总成本函数不应包括此项。而 $T-l+1$ 期到 T 期的订货,在 TT 时间段末不能到货,满足的是 TT 时间段之外的需求,也与 TT 时间段内的决策无关,所以应在式(2-11)中删去这部分需求的固定订货成本和可变订货成本 $\sum_{t=T-l+1}^{T}(K_t z_t + c_t x_t)$。因此,模型可表示为:

$$\min\left\{\sum_{t=1}^{T-l}(K_t z_t + c_t E[x_t] + h_{t+l} E[I_{t+l}^+] + \pi_{t+l} E[I_{t+l}^-])\right\} \quad (2-12)$$

定义 $R_{t(i)}$ 为订货量,$D_{t,t+l}$ 为从 t 期到 $t+l$ 期的需求量总和,需求密度函数

为 $f_{t,t+l}$。定义 $t(K+1) = T - l + 1$,对于 $\forall t \in \{t(i), \cdots, t(i+1) - 1\}$,由于 $t + l$ 期末的库存为 $R_{t(i)} - d_{t(i),t+l}$,因此 $t + l$ 期末的缺货成本和库存维持成本可表示为:

$$L_{t(i),t+l}(R_{t(i)}) = h_{t+l} \int_0^{R_{t(i)}} (R_{t(i)} - d_{t(i),t+l}) f_{t(i),t+l}(d_{t(i),t+l}) d(d_{t(i),t+l})$$

$$+ \pi_{t+l} \int_0^{\infty} (d_{t(i),t+l} - R_{t(i)}) f_{t(i),t+l}(d_{t(i),t+l}) d(d_{t(i),t+l})$$

$$(2-13)$$

定义 M_0 为初始库存,M_t 为 t 期末的库存,则:

$$x_{t(i)} = R_{t(i)} - E[M_{t(i)-1}] \qquad (2-14)$$

用 $R_{t(i)}$ 替换式(2-11)中的 $x_{t(i)}$,则原模型可表示为:

$$\min \left\{ \sum_{t=1}^{t(1)-1} L_{1,i+l}(M_0) + \sum \left(K_{t(i)} + c_{t(i)}(R_{t(i)} - E[M_{t(i)-1}]) + \sum_{j=t(i)}^{t(i+1)-1} L_{t(i),j+1}(R_{t(i)}) \right) \right\}$$

$$(2-15)$$

要确定决策变量 $R_{t(i)}$ 和 z_t,就要对目标函数和约束条件中的 D_t 和 M_t 取期望,相应的等价问题表示为:

$$\min \left\{ \sum_{t=1}^{t(1)-1} L_{1,i+l}(M_0) + \sum \left(K_{t(i)} + c_{t(i)}(R_{t(i)} - E[M_{t(i)-1}]) \right.\right.$$

$$\left.\left. + \sum_{j=t(i)}^{t(i+1)-1} L_{t(i),j+1}(R_{t(i)}) \right) \right\}$$

s.t. $E[M_t] = z_t R_t + (1 - z_t) E[M_{t-1}] - E[D_t]$

$R_t \geq z_t E[M_{t-1}]$ $\qquad (2-16)$

$(R_t - E[M_{t-1}]) z_t \leq N$

$R_t \geq 0, t = 1, 2, \cdots, T - l$

$z_t \in \{0, 1\}, t = 1, 2, \cdots, T - l$

特别地,当 $t(1) = 1$ 时,有:

$$\sum_{i=1}^{t(1)-1} L_{1,i+l}(M_0) = 0 \qquad (2-17)$$

该模型是非线性整数规划问题,以 T 期内的期望总成本最小为目标对模型进行求解,确定变量最优订货点 $z_t^*(t=1,2,\cdots,T-l)$ 和最优订货量 $R_t^*(t=1,2,\cdots,T-l)$。

2.3.2 基于滚动计划的非均匀需求库存控制模型

将计划时间段 TT 等分成 T 期,需求 $D_t(t=1,2,\cdots,T)$ 独立,定义需求分布函数为 F_t,单位库存维持成本为 h_t,单位缺货成本为 π_t。在 t 期初发出一个订货后,所订物资 X_t 经一个完整的订货提前期 l 后到达。由于固定订货成本只与订货次数有关,因此当 t 期订货时,固定订货成本为 K_t。当不同期的单位可变订货成本为常数时,以 T 期内的总成本最低为目标,对确定性非均匀需求的库存控制模型进行求解[52-53],确定其最优订货点 z_t^* 和最优订货量 X_t^*。确定变量 z_t 和 X_t 的模型如下所示:

$$\min\left\{\sum_{t=1}^{T}(K_t z_t + h_t E[I_t^+] + \pi_t E[I_t^-])\right\}$$

s.t. $I_t = I_{t-1} + X_{t-l} - D_t, t=1,2,\cdots,T$

$X_t \leq M z_t, t=1,2,\cdots,T$ (2-18)

$z_t \in \{0,1\}, t=1,2,\cdots,T$

$X_t \in Z, t=1,2,\cdots,T$

其中,M 是一个足够大的整数;Z 是非负整数集合;I_t 是 t 期初的库存,包括在库库存 $E[I_t^+]$ 和缺货库存 $E[I_t^-]$,分别表示为:

$$E[I_t^+] = E[\max\{I_t, 0\}] \quad (2-19)$$

$$E[I_t^-] = E[\max\{-I_t, 0\}] \quad (2-20)$$

为了简化模型,目标函数可写成:

$$\min\left\{\sum_{t=1}^{T-l} K_t z_t + \sum_{t=1}^{l}(h_t E[I_t^+] + \pi_t E[I_t^-]) + \right.$$

$$\left.\sum_{t=1}^{T-l}(h_{t+l} E[I_{t+l}^+] + \pi_{t+l} E[I_{t+l}^-]) + \sum_{t=T-l+1}^{T} K_t z_t\right\} \quad (2-21)$$

式(2-21)中的第二项是 TT 期以前的订货,与 TT 期内的订货无关,而 $T-l+1$ 期到 T 期的订货不能在 TT 期内满足需求,因此目标函数不应该包含这两项,可改写为:

$$\min\left\{\sum_{t=1}^{T-l}(K_t z_t + h_{t+l}E[I_{t+l}^+] + \pi_{t+l}E[I_{t+l}^-])\right\} \quad (2-22)$$

定义 n 为 TT 时间段内的订货次数，m_t 为 t 期末的库存，m_0 为初始库存，$R_{t(j)}$ 为订货量，则：

$$R_{t(j)} = m_{t(j)-1} + X_{t(j)} \quad (2-23)$$

需求实现前，在 $t(j)+l$ 期初的库存可表示为：

$$I_{t(j)+l-1} + X_{t(j)} = m_{t(j)-1} + \sum_{i=t(j)}^{t(j)+l-1} D_t + X_{t(j)} = R_{t(j)} - \sum_{i=t(j)}^{t(j)+l-1} D_t \quad (2-24)$$

$t+l$ 期末的库存维持成本和缺货成本可表示为：

$$L_{t(j),t+l}(R_{t(j)}) = h_{t+l}\sum_{i=0}^{R_{t(j)}}(R_{t(j)}-i)p_{t(j),t+l}(i) + \pi_{t+l}\sum_{i=R_{t(j)}+1}^{\infty}(i-R_{t(j)})p_{t(j),t+l}(i)$$

$$(2-25)$$

其中，$p_{t(j),t+l}(i)$ 为 $[t(j),t+l]$ 时间段内的总需求密度函数。

在 TT 时间段开始前必须确定出 TT 时间段内的订货点 z_t 和订货量 R_t，因此在估计订货点的初始库存时，必对 TT 时间段之前的各期需求随机变量及库存状态求期望。定义 $t(n+1)+l=T+1$，则模型可以改写为：

$$\min\left\{\sum_{i=1}^{t(1)-1} L_{1,i+l}(m_0) + \sum_{l(i)=1}^{T-l}\left[K_{t(i)} + \sum_{j=t(i)}^{t(i+1)-1} L_{t(i),j+l}(R_{t(i)})\right]z_{t(i)}\right\}$$

s.t. $E[m_t] = z_t R_t + (1-z_t)E[m_{t-1}] - E[D_t], t=1,2,\cdots,T-l$

$R_t \geq z_t E[m_{t-1}], t=1,2,\cdots,T-l$

$(R_t - E[m_{t-1}])z_t \leq M, t=1,2,\cdots,T-l \quad (2-26)$

$R_t \in Z, t=1,2,\cdots,T-l$

$z_t \in \{0,1\}, t=1,2,\cdots,T-l$

该模型是一个非线性整数规划问题，以 T 期内的总成本最小为目标，确定最优订货点 z_t^* ($t=1,2,\cdots,T-l$) 和最优订货量 R_t^* ($t=1,2,\cdots,T-l$)。当 T 较小时，可通过穷举所有的订货点来求解，但是当 T 较大时，可根据美国的 Wagner – Whitin 提出的 W – W 动态规划算法来求解。

2.4 本章小结

详细地分析了库存管理与控制的基础理论,对库存问题的三种基本模型进行了筛选,确定出 LNG 接收站库存管理与控制问题属于确定性非均匀需求库存控制问题。阐述了非均匀需求库存控制问题中的基于静动不确定策略和基于滚动计划的库存控制模型的建模思路。下一章将介绍 LNG 接收站的库存管理特点,从而确定接收站采用哪种模型并在其基础上作出哪些调整来建立 LNG 接收站的库存控制模型。

第 3 章　LNG 接收站库存管理研究

　　LNG 接收站库存管理从 LNG 供应链的角度把对总成本有影响的每个环节都考虑在内,包括 LNG 的购买、运输、储存和外输。库存管理的目的在于在保证 LNG 接收站在正常工作中不出现缺货和超货的基础上使 LNG 供应链的期望总成本最低。其中,缺货是指 LNG 接收站的库存量小于 LNG 储罐的最低操作容积,造成接收站不能正常对下游市场进行供货;超货是指 LNG 储罐的剩余储存空间不能容纳 LNG 船的计划卸货量,导致 LNG 船不能在规定的时间内完成卸货作业,出现滞港的现象,严重时还会导致 LNG 船出现排队等待的现象。

　　第二章详细介绍了基于静动不确定策略和基于滚动计划的库存控制模型。下面将在第二章的基础上对 LNG 接收站的库存管理特点进行详细分析,根据其特点确定 LNG 接收站应选用哪种基本库存控制模型。在此基础上,结合库存管理方法对 LNG 接收站的库存水平和下游市场需求量进行研究,确定 LNG 接收站的最大库存水平、最小库存水平及安全库存水平,预测接收站的下游市场需求,为下一章 LNG 接收站库存控制模型的建立奠定基础。

3.1　LNG 接收站库存管理特点

　　LNG 的储存温度为 $-162℃$,因此 LNG 的运输和储存都有严格要求,相对于物流库存系统中的一般物品,LNG 也具有一定的特殊性,如 LNG 的贸易遵循国际贸易合同,LNG 只能靠船型固定的几种 LNG 船运输,LNG 船抵达接收站码头后不能立即对库存进行补充等特点。下面将详细分析 LNG 接收站的库存管理特点。

3.1.1　LNG 贸易合同分类

　　LNG 买卖双方在洽谈 LNG 贸易合同时,买方希望 LNG 的年贸易量有较大弹性,可根据接收站的需求变化进行调整,从而避免不必要的损失;而卖方则希望 LNG 年贸易量的弹性越小越好,以利于天然气液化工厂更稳定、更有计划地生产 LNG。由于 LNG 资源有限,世界上只有一部分国家有丰富的天然气资源,这部分国家在满足国内的天然气需求后才能建立 LNG 工厂对天然气进行液化并销售到其他国家;还有部分像韩国和日本这样的国家完全没有天然气资源,只能依靠进口天然气或 LNG 来满足国内需求。该局势就决定了在 LNG 的贸易中,卖方占主导地位。因此,在 LNG 的国际贸易中,年贸易量弹性非常小,贸易变化量一般不超过年订货量的 5%[54]。

LNG 的贸易合同主要分为长期合同、中短期合同和现货贸易合同[55]。长期合同期限一般为 20～25 年,这类合同一方面可保障卖方的天然气液化工厂的稳定生产,另一方面还能保证买方的气源稳定性。只有 LNG 买卖双方建立稳定的长期贸易合同,才能为天然气液化工厂的大规模生产提供资金支持。长期合同要求应在订货提前期 1～3 个月之前提交下一年的年度订货计划。中短期合同贸易期限有 5 年和 1 年等,中短期和现货贸易合同有利于利用 LNG 解决调峰问题,这类合同可满足 LNG 的波动和不确定性要求。现货贸易合同要求至少提前 1 个月提交现货贸易订货计划[56]。所有合同都严格遵循"照付不议"(Take or Pay)的购销模式。

"照付不议"是大额量 LNG 能源供应的国际惯例和规则,要求买方必须按照合同规定的数量,在规定的时间内购买卖方的 LNG,买方不得随意终止或变更合同,否则将承担相应的违约责任[57]。按照"照付不议"合同,只要卖方执行了"照供不误",买方就要按合同不低于"照付不议"的量接收 LNG,少接收的 LNG 量也要按合约付费,以降低卖方大规模生产 LNG 的市场风险。"照付不议"合同的本质是将 LNG 的生产、运输、销售和用户捆绑在一起,共同承担 LNG 供应链中的风险[58]。

综上所述,"照付不议"的购销模式决定了 LNG 买卖双方在购销合同中一旦确定了 LNG 的订货计划,就不能做较大变动,卖方以固定的船型,按计划靠、离港口泊位[59]。而 2.3 中的基于静动不确定策略和滚动计划的库存控制模型都要求先确定整个时间段内每期的订货点,每期订货量可按下一期的需求进行调整,但 LNG 接收站作为 LNG 购买方,为保障接收站气源的稳定性,签订的是长期贸易合同,该合同采用的"照付不议"购销模式就确定了 LNG 接收站必须提前制定下一年的订货计划,整个时间段内的订货点和订货量都不能任意调整。因此,在建立 LNG 接收站的库存控制模型之前,应对原模型进行调整,将"先确定订货计划中的订货点,而订货量可按每期的需求进行调整"改为"在计划时间段前就确定整个计划时间段内的订货点和订货量,不能任意改变"。

因此,采用基于静动不确定策略的库存控制模型建立 LNG 接收站的库存控制模型,以供应链的期望总成本最低为目标,制定年度最优订货计划。由于该计划中的订货点和订货量不能任意改变,导致订货量不能根据需求进行调整,影响了年度订货计划的最优性,严重时会导致接收站出现缺货或超货现象。针对该问题,在年度最优订货计划的基础上,采用基于滚动计划的库存控制模型再建立一个基于滚动计划的 LNG 接收站的库存控制模型,以需求实现后的实际库存量更新预测值,提前判断发生缺货和超货的时间点,制定相应的增加 LNG 现货贸易和增加 LNG 外输量的滚动计划。

3.1.2 LNG 贸易方式分类

LNG 的贸易方式主要有离岸价(Free on Board,简称 FOB)和目的港船上交货(Delivered ex Ship,简称 DES)两种方式[60]。

FOB 贸易方式:双方按 LNG 的离岸价进行交易,买方负责派遣 LNG 船接运 LNG,卖方则在合同规定的地点和规定的时间内将 LNG 装上买方派来的 LNG 船。一旦 LNG 在装运港被装上 LNG 船,风险就改由买方负责。采用 FOB 的贸易方式时,卖方不但要承担 LNG 在越过船舷之前的一切风险和费用,还要负责领取出口许可证等证件,办理相关出口手续[61]。

DES 贸易方式:双方按 LNG 的到岸价进行交易,卖方负责将货物运送到买方规定的地点,承担 LNG 到达目的地前的所有费用及风险。卖方必须在规定的地点和规定的时间内,将 LNG 于船上交给买方。采用 DES 的贸易方式时,买方负责取得进口许可证等证件,负责办理相关手续[62]。

由 FOB 和 DES 两种贸易方式的定义可知,在 FOB 条件下,买方在资源地的装货港进行装货,按 LNG 的离岸价和装货量购买,所以接收站的订货量为 LNG 运输船的装货量;而在 DES 条件下,买方在接收站码头接货,按 LNG 的到岸价和卸货量购买,所以,接收站的订货量为 LNG 运输船的卸货量。

FOB 和 DES 贸易方式的特点见表 3-1。

表 3-1 FOB 和 DES 贸易方式的特点

条　款	FOB	DES
交货地点	装货港	卸货港
派船	买方	卖方
风险转移点	装货港	卸货港
所有权转移点	装货港	卸货港
海上运费支付	买方	卖方

由表 3-1 可知,LNG 的贸易方式主要以买卖双方哪方负责 LNG 的运输进行分类,目前国际上普遍采用卖方负责运输的方式,但是很多 LNG 进口国希望能主动掌握 LNG 的运输,因此,买方负责运输是今后 LNG 运输方式的一种发展趋势。所以,有必要对买方负责运输的情况也进行研究。其中,买方负责运输又分为买方租船运输和买方造船运输两种情况。LNG 的运输方式不同,运输费用也不同,见表 3-2。

表 3 - 2　LNG 运输方式比较

运输方式	LNG 订货成本	单次订货量	LNG 运输成本
卖方负责	LNG 到岸价格	LNG 船卸货量	无
买方租船	LNG 离岸价格	LNG 船装货量	LNG 船租金
买方造船	LNG 离岸价格	LNG 船装货量	LNG 船燃料成本、保养成本

综上所述,LNG 的运输费用随运输方式的不同而不同,这就直接影响了 LNG 接收站库存管理与控制的目标函数:LNG 供应链的期望总成本。当卖方负责 LNG 的运输时,LNG 供应链的期望总成本只包括 LNG 的订货成本、库存成本和卸货成本;当买方采用租船的方式进行运输时,LNG 供应链的期望总成还包括运输成本,该运输成本为 LNG 船的租金;当买方采用造船的方式进行运输时,LNG 供应链的期望总成本还包括 LNG 船的燃料成本和保养成本。因此,需要应针对 LNG 的三种运输方式分别建立各自的库存控制模型。

3.1.3　LNG 运输船

LNG 运输船是天然气贸易中的关键设备,特别是在不能利用管道输送的地区,普遍采用船舶运输[63]。世界上第一艘 LNG 船"甲烷先锋"号建造于 1959 年,自此 LNG 船队迅速发展[64]。虽然 LNG 运输船由于船舶建造技术的成熟正在向大型化方向发展,以达到增加运量来降低运输成本的目的,但目前投入运营的 LNG 运输船的船容多为 $(13.8 \sim 27) \times 10^4 m^3$,主要有以下几种船型[65]:$13.8 \times 10^4 m^3$、$14.7 \times 10^4 m^3$、$16.5 \times 10^4 m^3$、$20 \times 10^4 m^3$、$27 \times 10^4 m^3$。

LNG 运输船的巨额建造成本决定了其运输成本也很昂贵,LNG 船应最大限度地装满才是最经济的。这就意味着 LNG 接收站的单次订货量受 LNG 船船型的限制,是离散的数值,这就为接收站的库存控制模型增加了一个约束条件。

3.1.4　LNG 接收站泊位利用率

LNG 船到达接收站进行卸货之前要进行船岸对接,LNG 船因受风浪条件、夜间不开展卸货作业等因素的影响,可能会在接收站码头停泊一段时间。因此,接收站有一个泊位利用率的设计值,该设计值可满足接收站在正常卸货的要求下,保证接收站在遇到上述因素的影响时也能正常工作,不至于出现 LNG 船排队等待的现象。接收站的泊位利用率不能高于该设计值,该值通常设计为 50%,大于该设计值接收站就容易出现 LNG 船滞港的现象[66]。

LNG 接收站的年总订货次数越多,泊位利用率就越大,泊位利用率的设计值限制了接收站的年总订货次数。因此,相对于一般的物流库存控制问题,LNG 接收站库存控制模型会多一个泊位利用率的约束以限制接收站的年总订货次数。

3.1.5 相邻两船最短卸船间隔时间

LNG 接收站的泊位数决定了接收站能同时接卸的 LNG 船数量。当泊位数为 1 时,接收站每次只能接卸一艘 LNG 船,当 LNG 船在接收站的总停留时间大于 1 天时,该接收站需要隔 1 天才能进行下一艘 LNG 船的卸货。当总停留时间超过 t 天时,该接收站就需要隔 t 天才能进行下一艘 LNG 船的卸货。因此,相对于一般的物流库存问题,LNG 接收站的订货时间间隔也有限制。

综上所述,相对于一般的物流库存问题,LNG 接收站的库存管理主要有以下几个特点:基于"照付不议"购销模式的 LNG 订货计划中的订货点和订货量不能任意更改;单次订货量受 LNG 船的船型限制;年总订货次数受接收站泊位利用率的限制;相邻两船的最短卸船间隔时间受接收站泊位数和泊位利用率的限制。

虽然基于静动不确定策略的库存控制模型库存管理绩效好,但是,该策略是在计划时间段开始之前只确定出计划时间段内所有期的订货点,而订货量可以根据需求实现进行调整。但是 LNG 贸易中的"照付不议"条款要求接收站的订货点和订货量都不能调整。一旦订货量不能调整,原订货计划就可能不再是最优的计划,针对该问题,本文提出在年度订货计划的基础上,建立一个基于滚动计划的 LNG 接收站库存控制模型。利用滚动计划以实际库存量更新原预测值来保证原年度订货计划的最优性。

3.2 LNG 接收站下游市场需求预测

LNG 接收站下游市场需求预测是 LNG 供应链库存管理中的重要环节,有效的库存需求预测不仅有利于降低接收站的库存水平,减少库存维持成本,提高接收站的经济效益,还有利于最优订货点的确定,提高 LNG 供应链的库存管理效率。LNG 接收站下游市场的需求预测越准确,制定的年度订货计划的最优性越好;而需求预测不准确时,接收站就可能出现缺货或超货现象,导致接收站不能正常运营的同时还会增加缺货成本和超货成本。因此,为了减少损失必须首先对接收站下游市场的 LNG 需求量进行准确的预测。

在对接收站下游市场的需求进行预测之前,首先应确定接收站的最大外输量和最小外输量,需求量预测值必须在最大外输量和最小外输量之间。最大外输量为 LNG 接收站低压泵和气化器在全开的状态下所能达到的外输量。最小外输量为即使下游市场不需要 LNG,接收站为了保证站场内部设施正常工作所必需的外输量[67]。

3.2.1 确定 LNG 接收站的最大/最小外输量

LNG 接收站一方面将 LNG 气化为天然气后通过管道外输,供应下游市场用气,另一方面直接用槽车将 LNG 运往 LNG 加气站[68]。因此,LNG 接收站的供气对象主要包括下游市场天然气用户和 LNG 槽车用户。LNG 从低压泵内泵出后一大部分通过高压泵、气化器气化后通过管道进行外输,另一部分直接由低压泵泵至槽车区进行槽车装车,如图 3 – 1 所示。

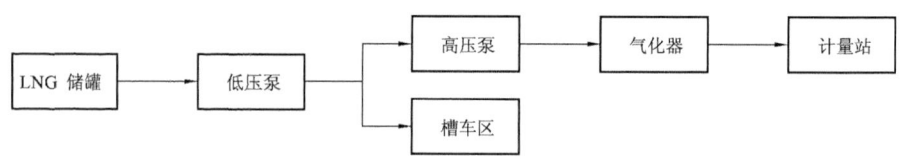

图 3 – 1 LNG 外输流程框图

3.2.1.1 最大外输量

接收站的外输包括槽车装车和气化外输。由图 3 – 3 可知,槽车装车的最大外输量由低压泵决定,气化外输的最大外输量由低压泵和气化器共同决定。所以,LNG 接收站的日最大外输量一方面受气化器的限制,另一方面受低压泵的限制。应分别对其进行计算,选择其中较小的一个外输量作为 LNG 接收站的日最大外输量。

(1)气化器限制下的最大外输量。

LNG 接收站通常安装两种气化器:浸没燃烧式气化器(Submerged Combustion Vaporizer,简称 SCV)和开架式海水气化器(Open Frame Vaporizer,简称 ORV)。ORV 设计简单、操作和维护方便,是最常用的一种气化器。SCV 的气化能力大,热效率可达95%,开停车易于操作,但运行成本较高,主要用于调峰装置和海水温度低于5℃等情况[69]。LNG 接收站的最大气化能力为接收站的所有气化器全开的状态下所能达到的气化能力,如下式所示:

$$q_{gmax} = 2.4 \frac{n_o q_o + n_s q_s}{\rho_{LNG}} \quad (3-1)$$

式中　q_{gmax}——接收站最大气化能力,$10^4 m^3/d$;

　　　n_o——开架式海水气化器台数;

　　　n_s——浸没燃烧式气化器台数;

　　　q_o——开架式海水气化器的气化能力,t/h;

q_s——浸没燃烧式气化器的气化能力,t/h;

ρ_{LNG}——LNG 的密度,kg/m³。

LNG 接收站的最大槽车装车量由装车速率、接收站装车橇个数决定,以一天工作 24h 求其最大装车量,如下式所示:

$$q_{vmax} = 2.4 \frac{n_v v_v}{\rho_{LNG}} \quad (3-2)$$

式中 q_{vmax}——接收站最大槽车装车量,10^4 m³/d;

n_v——接收站槽车装车橇个数;

v_v——槽车装车速率,t/h。

LNG 接收站的最大外输量为最大气化外输量和最大槽车装车量之和,表示为:

$$q_{max1} = q_{gmax} + q_{vmax} \quad (3-3)$$

式中 q_{max1}——气化器限制下的接收站最大外输量,10^4 m³/d。

(2)低压泵限制下的最大外输量。

LNG 接收站的槽车装车外输和气化外输都需要通过低压泵将 LNG 泵出储罐,因此接收站的最大外输量也受低压泵设计流量的限制,如下式所示:

$$q_{max2} = \frac{24}{10000} q_b \sum_{i=1}^{n_c} n_{bi} \quad (3-4)$$

式中 q_{max2}——低压泵限制下的接收站最大外输量,10^4 m³/d;

n_c——接收站的 LNG 储罐个数;

n_{bi}——第 i 个 LNG 储罐内安装的低压泵台数;

q_b 低压泵的设计流量,m³/h。

以 q_{max1} 和 q_{max2} 中较小的一个外输量作为 LNG 接收站的最大外输量:

$$q_{max} = \min(q_{max1}, q_{max2}) \quad (3-5)$$

式中 q_{max}——LNG 接收站的最大外输量,10^4 m³/d。

3.2.1.2 最小外输量

LNG 储罐中的 LNG 由于漏热会气化生成蒸发气(Boil Off Gas,简称 BOG),BOG 通过 BOG 再冷凝器被冷却后,再通过 BOG 压缩机返回到 LNG 储罐。但是,接收站的 BOG 处理能力不能将 BOG 全部液化为 LNG,还有部分 BOG 以气体的形式通过管道外输,这部分 BOG 量就是接收站的最小外输量。表示为:

$$q_{min} = \frac{q_b}{e} \quad (3-6)$$

式中 q_b——接收站的 BOG 外输量,$10^4 m^3/d$;

q_{min}——接收站的最小外输量,$10^4 m^3/d$;

e——LNG 的气化体积比。

LNG 接收站的外输量必须在最大外输量和最小外输量之间,表示为:

$$q_{min} \leqslant f_t \leqslant q_{max} \qquad (3-7)$$

式中 f_t——LNG 接收站第 t 天的外输量,$10^4 m^3/d$。

3.2.2 确定 LNG 接收站下游市场的需求预测方法

需求预测按预测期限可以分为短期预测、中期预测和长期预测[70],三类预测方法的时间跨度和预测目的见表 3-3。

表 3-3 需求预测法分类

预测方法	时间跨度	预测目的
短期预测	少于 3 个月	对已制定的销售计划进行调整
中期预测	3 个月到 2 年	完善企业已制定的销售计划
长期预测	2 年及 2 年以上	对企业的整体需求进行预测,往往是针对建立新的工厂或开始新的生产周期的企业进行的预测

从时间跨度上看,LNG 接收站需要预测下一年的 LNG 需求量,预测时间为一年,属于中期预测;从预测目的来看,LNG 接收站是要制定新的年度订货计划,而不是对已制定的计划进行调整,属于长期预测。因此,接收站下游市场的需求预测属于中长期预测。

需求预测按预测方法可以分为定性预测和定量预测[71]。定性预测是指预测者依靠丰富的业务经验和很强的综合分析能力,根据已掌握的资料对事物的未来发展做出性质和程度上的判断[72]。定量预测是指预测者依靠历史统计数据,运用数学的理论和方法,对预测对象的量的变化的推导。LNG 接收站是天然气供应链系统中的一个重要环节,起到承上启下的作用,影响接收站库存的因素众多,为了提高预测质量,在进行定量预测时,也要进行定性预测,将定性分析作为出发点,定量预测以定性分析为基础。

常用的定量预测法主要有时间序列法、回归分析法以及神经网络预测法。其中,时间序列预测法通过时间序列分析事物过去的变化规律并推断其未来发展趋势,该方法简单易行、能充分利用原时间序列的各项数据,较常用的是灰色预测法。回归分析法是在分析市场现象自变量和因变量之间相关关系的基础上,建立变量之间的回归方程,并将回归方程作为预测模型,根据自变量在预测期的数量变化来预测因变量的预测方法。神经网络预测法通过将样本进行预处理、输入后,使用选定的训练算法不断修正网络的权值或阈值,直到网络输出误差平方和达到要求,然后利用训练好的网络对数据进行预测[73]。各方法的特点总结于表 3-4 中。

表 3-4 需求预测法的特点

预测方法	特 点	适用范围
回归分析法	需要大量统计数据,且这些数据必须符合一定的统计规律	适用于中长期预测
灰色预测法	需要少量统计数据,且这些数据不要求有很好的统计规律,中长期预测效果较好	适用于中长期预测
神经网络法	需要大量统计数据,短期预测精度高,中长期预测效果较差	适用于短期预测

由表 3-4 可知,神经网络法的中长期预测效果比灰色预测法差,适用于短期预测,而 LNG 接收站下游市场的需求预测属于中长期预测,所以不采用神经网络法对接收站下游市场的需求进行预测。我国 LNG 接收站的建设尚处于起步阶段,缺乏足够的 LNG 外输量历史数据,所以其样本数据较少,而回归分析预测法需要大量统计数据,因此不采用回归分析预测法。LNG 接收站下游市场用气量不仅与时间有关,还受当地生活水平、生活习惯、燃气用具的配置情况等诸多因素的影响,日用气量数据不符合一定的统计规律,所以应采用所需样本数据少、不需要计算统计特征量的灰色预测法来预测 LNG 接收站下游市场的需求量。

3.2.3 LNG 接收站气化外输量预测

对于已投产运行的 LNG 接收站,可得其往年的 LNG 月外输量历史数据,从而根据这些历史数据预测 LNG 接收站下一年的月外输量。而对于刚投产的 LNG 接收站,由于缺乏足够的外输量历史数据,接收站只能根据下游市场给出的月需求量进行计算。前面通过对灰色预测法、回归分析法和神经网络法三种预测方法的分析比较,确定采用灰色预测法进行 LNG 接收站下游市场的需求预测。由于灰色预测法只需要少量统计数据,4 个数据就能建立一个常用的 GM(1,1) 模型。因此,以 4 为界限分两种情况对 LNG 接收站下游市场的需求进行预测[74]。

3.2.3.1 投产已满 4 年的 LNG 接收站

对于投产已有 4 年及以上的 LNG 接收站,具有往年 LNG 月外输量的历史数据,可通过该历史数据采用灰色预测法来预测下一年的 LNG 月外输量,从而制定 LNG 接收站的库存控制策略。

灰色预测法中的数列预测是对系统变量的未来取值进行预测,适用于 LNG 接收站未来需求量的预测。GM(1,1)模型是较为常用的数列预测模型[75-76],符号 GM(1,1)的含义如图 3-2 所示。

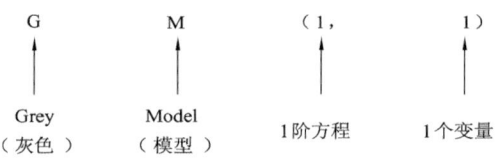

图 3-2 GM(1,1)含义图

利用灰色预测法建立 LNG 接收站下游市场用气量的 GM(1,1)模型[77],主要过程如下:

(1)选择数列。采集 LNG 接收站投产运营后的月输出量数据作为原始数据数列,表示为:

$$X^{(0)} = \{x^{(0)}(1), x^{(0)}(2), \cdots, x^{(0)}(n)\} \quad n \geqslant 4 \quad (3-8)$$

(2)累加生成。对原始数列 $X^{(0)}$ 做累加生成(1-AGO),得到新的数列 $X^{(1)}$:

$$X^{(1)} = \{x^{(1)}(1), x^{(1)}(2), \cdots, x^{(1)}(n)\} \quad (3-9)$$

其中,$x^{(1)}(k) = \sum_{i=1}^{k} x^{(0)}(i), k = 1, 2, \cdots, n$。

(3)建立灰色预测模型。$X^{(1)}$ 的紧邻均值生成序列为 $Z^{(1)}$,表示为:

$$Z^{(1)} = \{z^{(1)}(1), z^{(1)}(2), \cdots, z^{(1)}(n)\} \quad (3-10)$$

其中,$z^{(1)}(k) = 0.5x^{(1)}(k) + 0.5x^{(1)}(k-1), k = 2, 3, \cdots, n$。

在此基础上建立灰色微分方程:

$$x^{(0)}(k) + az^{(1)}(k) = b \quad (3-11)$$

该方程便是 GM(1,1)模型,其白化方程为:

$$\frac{dx^{(1)}}{dt} + ax^{(1)} = b \quad (3-12)$$

采用最小二乘法求得 a, b 的值,从而得到 GM(1,1)的预测模型:

$$\hat{x}^{(1)}(k+1) = \left[x^{(0)}(1) - \frac{b}{a}\right]e^{-ak} + \frac{b}{a}, k = 1, 2, \cdots, n \quad (3-13)$$

(4) 模型还原。按下式对模型进行还原,从而得到原始数据的预测值:

$$\hat{x}^{(0)}(k+1) = (1-e^a)\left[x^{(0)}(1) - \frac{b}{a}\right]e^{-ak}, k=1,2,\cdots,n \quad (3-14)$$

(5) 模型检验。$X^{(0)}$ 的残差序列为:

$$\varepsilon^{(0)} = \{\varepsilon(1), \varepsilon(1), \cdots, \varepsilon(n)\} \quad (3-15)$$

则 $\varepsilon^{(0)}$ 可表示为:

$$\varepsilon^{(0)} = \{x^{(0)}(1) - \hat{x}^{(0)}(1), x^{(0)}(2) - \hat{x}^{(0)}(2), \cdots, x^{(0)}(n) - \hat{x}^{(0)}(n)\}$$

$$(3-16)$$

定义 $\bar{x}$ 和 S_1^2 分别为 $X^{(0)}$ 的均值和方差,表示为:

$$\bar{x} = \frac{1}{n}\sum_{k=1}^{n} x^{(0)}(k) \quad (3-17)$$

$$S_1^2 = \frac{1}{n}\sum_{k=1}^{n} (x^{(0)}(k) - \bar{x})^2 \quad (3-18)$$

定义 $\bar{\varepsilon}$ 和 S_2^2 分别为残差的均值和方差,表示为:

$$\bar{\varepsilon} = \frac{1}{n}\sum_{k=1}^{n} \varepsilon(k) \quad (3-19)$$

$$S_2^2 = \frac{1}{n}\sum_{k=1}^{n} (\varepsilon(k) - \bar{\varepsilon})^2 \quad (3-20)$$

定义 p 和 C 分别为小误差概率和均方差比值,表示为:

$$p = P(|\varepsilon(k) - \bar{\varepsilon}| < 0.6745 S_1) \quad (3-21)$$

$$C = \frac{S_2}{S_1} \quad (3-22)$$

以 p 和 C 来判断模型的精度,关联度 ε 越大、C 越小、p 越大,模型的精度越高。给定一组取值就能确定检验模型模拟精度的一个等级[78]。常用的精度等级见表 3-5。

表 3-5 精度检验等级参照表

精度等级	指标临界值			
	相对误差	关联度	均方差比值	小误差概率
一级	0.01	0.90	0.35	0.95
二级	0.05	0.80	0.50	0.80
三级	0.10	0.70	0.65	0.70
四级	0.20	0.60	0.80	0.60

3.2.3.2 投产未满 4 年的 LNG 接收站

对于投产未满 4 年的 LNG 接收站,由于缺乏足够的 LNG 外输量历史数据,因此,不能从 LNG 接收站的角度对下游市场的需求进行预测。LNG 接收站与下游市场的用户签订了长期供气合同,下游市场用户会根据往年天然气的用气量预测下一年的供需缺口,从而确定下一年的天然气需求量。LNG 接收站利用下游市场预测的天然气月需求量平均值作为日需求量预测值。

以一年 365 天为一个周期对 LNG 接收站的库存进行管理与控制,每月的天数及天然气需求总量见表 3-6。

表 3-6 下游市场天然气月需求量

月份	1	2	3	4	5	6	7	8	9	10	11	12
天数	31	28	31	30	31	30	31	31	30	31	30	31
月需求量($10^4 m^3$)	q_1	q_2	q_3	q_4	q_5	q_6	q_7	q_8	q_9	q_{10}	q_{11}	q_{12}

用下游市场的天然气月需求量除以该月的天数得日需求量,表示为:

$$g_i = \begin{cases} \dfrac{q_i}{31}, i = 1,3,5,7,8,10,12 \\ \dfrac{q_i}{28}, i = 2 \\ \dfrac{q_i}{30}, i = 4,6,9,11 \end{cases} \quad (3-23)$$

式中 g_i——第 i 月的天然气日需求量,$10^4 m^3$;

q_i——第 i 月的天然气月需求总量,$10^4 m^3$。

3.2.4 LNG 接收站槽车装车量预测

LNG 接收站设有槽车装车站,LNG 可通过槽车运送至 LNG 加气站后直接供给用户。接收站与各 LNG 加气站签订的合同规定了 LNG 槽车的装车时间和装车量。根据接收站的槽车装车设计规模,确定其年外输量,由于接收站每天的槽车装车量与气化外输量相比非常小,所以用年外输量的平均值作为 LNG 槽车装车的日外输量是可行的,表示为:

$$q_v = \frac{1000 Q_v}{365 \rho_{LNG}} \quad (3-24)$$

式中 Q_v——接收站槽车装车设计规模,$10^4 t/a$;

q_v——槽车装车外输量,$10^4 m^3/d$。

3.2.5 LNG 接收站下游市场需求预测

LNG 接收站的日外输量为槽车装车量与气化外输量之和,其中气化外输量为天然气外输量,应首先将这部分转化为 LNG 外输量,再与槽车装车量求和,总的 LNG 外输量表示为:

$$f_t = \frac{g_i}{e} + q_v, \quad t = 1, 2, \cdots, 365 \qquad (3-25)$$

LNG 接收站的外输量必须保证在最大外输量和最小外输量之间,如果外输量的预测值小于 $q_{\min}$,则当天的外输量只能小到 $q_{\min}$;如果外输量的预测值大于 $q_{\max}$,则当天的外输量只能大到 $q_{\max}$,外输量的判断如图 3-3 所示。

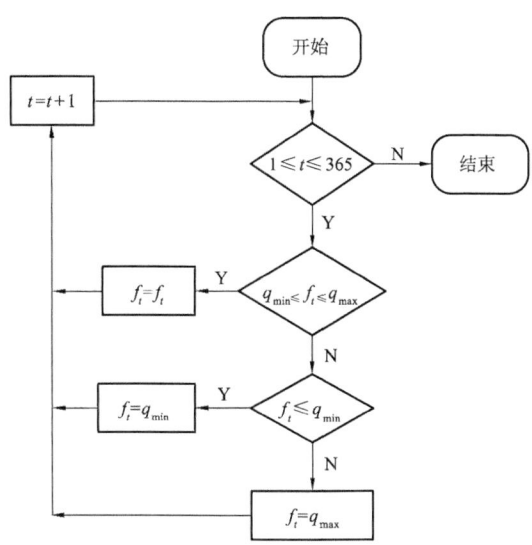

图 3-3　LNG 接收站外输量判断框图

3.3　确定 LNG 接收站的最大/最小库存水平

最大库存水平是企业所能容纳的最大库存量,超过最大库存水平时,企业会因库存量过大造成较大的库存维持成本,占用企业的流动资金。最小库存水平是企业必须达到的库存量,低于最小库存水平时,企业会出现缺货,造成缺货成本。因此,库存量应时刻维持在最大库存水平与最小库存水平之间。

LNG 接收站的库存水平由接收站的储罐决定,受限于 LNG 储罐的罐容。

每个LNG储罐都有一个最低操作液位和最高操作液位,最低操作液位决定了接收站的最小库存水平,最高操作液位决定了接收站的最大库存水平。储罐里的LNG库存量必须在最小库存水平与最大库存水平之间。库存量大于最大库存水平时,LNG储罐没有足够的空间来容纳BOG,这就容易引起储罐内压力的上升,当压力高于储罐所能承受的压力时,会造成LNG储罐的变形。库存量小于最小库存水平时,会对LNG储罐里的潜液泵造成巨大损害,此时必须立即让潜液泵停止工作,这就直接停止了LNG的外输,导致接收站不能正常地向下游市场供气。

LNG接收站的最大库存水平表示为:

$$I_{max} = n_c V_{gh} \qquad (3-26)$$

式中 I_{max}——LNG接收站最大库存水平,$10^4 m^3$;

n_c——LNG接收站的储罐个数;

V_{gh}——LNG储罐的最大操作容积,$10^4 m^3$。

LNG接收站的最小库存水平表示为:

$$I_{min} = n_c V_{gl} \qquad (3-27)$$

式中 I_{min}——LNG接收站最小库存水平,$10^4 m^3$;

V_{gl}——LNG储罐的最小操作容积,$10^4 m^3$。

3.4 确定LNG接收站的安全库存水平

LNG接收站的安全库存是接收站为了应付下游市场的需求或LNG船的上游供给可能发生的不测变化而储备的一定数量的库存[79]。

在LNG供应链中,LNG接收站会面临LNG下游市场的需求预测不准确、LNG船受天气影响延迟交货等情况,导致接收站缺货不能对下游市场供气。这种不确定性来源各异,对于下游用户,不确定性涉及下游天然气需求量变化情况、槽车装车时间和装车频率的变动。对于上游供应商,不确定性来源于LNG卖方的不配合、LNG船因天气影响不能正常航行等。为了应对这些不确定性,防止缺货的发生,接收站需要备有安全库存来进行缓冲处理。一般情况下,不能使用安全库存,只有在缺货的时候才能利用安全库存来弥补缺货量。

LNG接收站的安全库存包括两部分:一部分为LNG储罐的最小操作容积;另一部分为LNG接收站码头连续不可作业天数所对应的LNG外输量。其中,码头连续不可作业天数是在综合考虑LNG资源供应情况、LNG下游市场需求量、LNG 船的停靠时间以及 LNG 的卸货时间等因素的影响下得到的[80]。

因此,LNG 接收站的安全库存为 LNG 储罐的最小操作容积和连续不可作业天数的外输量之和。特别地,在一年结束时,码头连续不可作业天数所对应的外输量应该以下一年的日外输量预测值为依据,但是,此处由于缺乏下一年的外输量预测数据,所以以该年的起始阶段的日外输量代替,例如以本年 1 月 1 日的外输量预测值代替下一年 1 月 1 日的外输量,表示为下式:

$$SS_t = \begin{cases} n_c V_{gl} + \sum_{j=t+1}^{t+T_1} f_j, 0 \leqslant t \leqslant 365 - T_1 \\ n_c V_{gl} + \sum_{j=t+1}^{365} f_j + \sum_{j=1}^{t-365+T_1} f_j, 365 - T_1 + 1 \leqslant t \leqslant 364 \\ n_c V_{gl} + \sum_{j=1}^{T_1} f_j, t = 365 \end{cases} \quad (3-28)$$

式中 SS_t——LNG 接收站在第 t 天的安全库存水平,$10^4 \mathrm{m}^3$;

T_1——LNG 接收站码头连续不可作业天数,d;

SS_0——LNG 接收站的起始安全库存,$10^4 \mathrm{m}^3$。

3.5 LNG 接收站储备能力研究

LNG 接收站的储备能力是在储备库存的基础上实现的,当接收站的库存量大于安全库存水平时,接收站才具备一定的储备能力。任意一天的储备能力为该天的储备库存减去储罐的最低操作容积和该天之后连续不可作业天数的外输量总和,如下式所示:

$$M_t = \begin{cases} I_t - \sum_{i=t+1}^{t+T_1} f_i - n_c V_{gl}, 1 \leqslant t \leqslant 365 - T_1 \\ I_t - \sum_{i=t+1}^{365} f_i - \sum_{j=1}^{t-365+T_1} f_j - n_c V_{gl}, 365 - T_1 + 1 \leqslant t \leqslant 364 \\ I_t - \sum_{i=1}^{T_1} f_i - n_c V_{gl}, t = 365 \end{cases} \quad (3-29)$$

式中　M_t——LNG 接收站在第 t 天的储备能力，$10^4 \mathrm{m}^3$；

I_t——LNG 接收站在第 t 天末的库存量，$10^4 \mathrm{m}^3$。

3.6　LNG 接收站储备时间研究

LNG 接收站的储备时间为接收站的储备能力能满足接收站外输量的天数。定义 T_t 为 LNG 接收站的储备天数，首先令 T_t 为 0，如果接收站在第 t 天的储备能力 M_t 能满足第 $t+1$ 天的外输量 f_{t+1}，则储备天数增加 1 天；然后比较 $M_t - f_{t+1}$ 与第 $t+2$ 天的外输量 f_{t+2}，如果 $M_t - f_{t+1} \geqslant f_{t+2}$，那么储备天数再增加 1 天；依次往下一天计算，直至剩余的储备能力不能满足外输量为止。第 t 天的储备时间计算步骤具体如下：

步骤 1：若 $1 \leqslant t \leqslant 365$ 计算 M_t；

步骤 2：定义 $T_t = 0$；

步骤 3：若 $t+1 \leqslant 365$，则转到步骤 4，否则转到步骤 5；

步骤 4：计算 $M_t - \sum_{i=t+1}^{t+T_t+1} f_i$，若 $M_t - \sum_{i=t+1}^{t+T_t+1} f_i \geqslant 0$，则转到步骤 6，否则转到步骤 7；

步骤 5：计算 $M_t - \sum_{i=t+1}^{365} f_i - \sum_{j=1}^{T_t-365+t} f_j$，若 $M_t - \sum_{i=t+1}^{365} f_i - \sum_{j=1}^{T_t-365+t} f_j \geqslant 0$，则转到步骤 6，否则转到步骤 7；

步骤 6：$T_t = T_t + 1$，转到步骤 3；

步骤 7：$T_t = T_t$，转到步骤 8；

步骤 8：结束。

储备时间的计算流程框图如图 3-4 所示。

3.7　本章小结

对 LNG 接收站库存管理进行了研究，对其特点进行了详细分析，得出它与一般库存控制问题相比特别之处在于：订货计划一旦制定，订货点与订货量不能更改；单次订货量受 LNG 船船型的限制；年总订货次数受 LNG 接收站泊位利用率的限制；相邻两船的最短卸船间隔时间受 LNG 接收站泊位数和泊位利用率的限制。在此基础上，利用灰色预测中的 GM(1,1) 模型对 LNG 接收站下游市场的需求进行了预测。确定了 LNG 接收站的最大库存水平、最小库存水平和安全库存水平。基于接收站的库存量对其储备能力及储备时间进行了研究。上

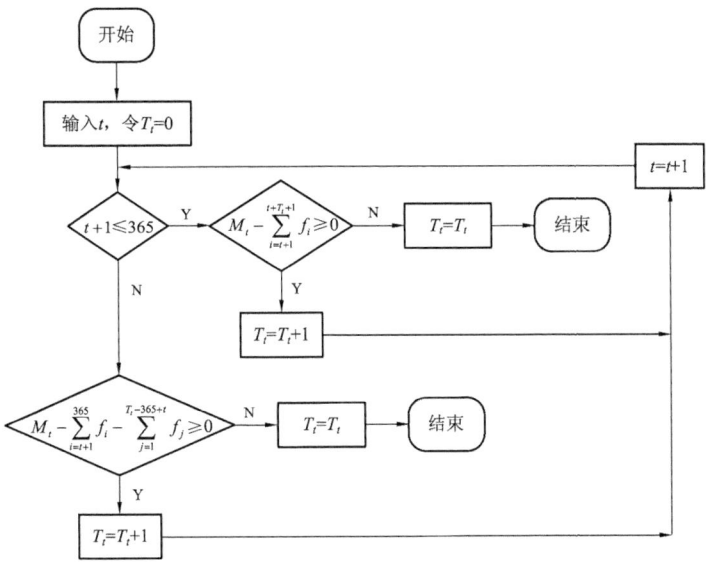

图 3-4　LNG 接收站储备时间计算框图

述各限制条件的确定,最大、最小及安全库存水平的计算及 LNG 接收站下游市场需求量的预测,都为接收站库存控制模型的建立奠定了基础。

第4章 基于静动不确定策略的 LNG 接收站库存控制模型

　　LNG 的储备库存是接收站在运营过程中为现在和将来的 LNG 销售而储备的 LNG 资源。LNG 库存量因下游市场的连续需求和上游资源地的间断供给处于随时变动的状态,为了使库存量保持在合理的库存水平,需要对 LNG 接收站的库存进行科学的管理与控制。当库存量过少时,接收站不能满足下游市场的需求,甚至可能出现缺货现象;当库存量过多时,不仅要占用大量流动资金,增加 LNG 接收站的库存维持成本,而且可能会出现超货现象。因此,需要对 LNG 接收站的库存进行管理与控制,在保证接收站安全、稳定地对下游市场进行供气的基础上,以 LNG 供应链的期望总成本最低为目标,建立基于静动不确定策略的 LNG 接收站库存控制模型。在计划时间段之前确定接收站在计划时间段内每一期的订货点和订货量,从而制定 LNG 接收站的年度最优订货计划。

　　LNG 接收站库存控制的目的是为了保证接收站运作的连续性,在此基础上保障接收站有能力满足下游市场不确定性的需求[81]。这就要求 LNG 接收站随时了解 LNG 供应链中的所有不确定性因素,运用掌握的信息确定最优的库存控制策略。所以,库存控制策略的制定是一个动态过程,该动态过程能反映出 LNG 供应链的不确定性动态变化的特点。如 LNG 接收站下游市场的需求可能因季节变化突然增加,上游 LNG 船运可能因天气变化延迟交货,这些因素都直接影响了接收站的库存量,严重时还会导致接收站发生缺货或超货现象。对于物流系统中的一般库存问题,可以通过及时调整下一期的订货量来避免缺货或超货现象的发生。但是,由于 LNG 贸易中的"照付不议"购销模式的特殊性,即使在 LNG 接收站的实际运营中发现应对原订货计划进行调整,也不能直接更改下一期的订货点或订货量,这就直接影响了基于静动不确定策略的 LNG 接收站库存控制模型所确定的原订货计划的最优性。针对这个缺点,当接收站实现下游市场的部分需求后,在原最优订货计划的基础上,以基于滚动计划的非均匀需求库存控制模型为理论依据,建立基于滚动计划的 LNG 接收站库存控制模型,以需求实现后的实际库存量更新原预测值,判断接收站在需求未实现的时间段内是否会发生缺货或超货现象,预测其发生的时间点,计算具体的缺货量和超货量,从而制定相应的增加 LNG 现货贸易和增加 LNG 外输量的滚动计划,保证原订货计划的最优性。

第4章 基于静动不确定策略的LNG接收站库存控制模型

在建立LNG接收站的库存控制模型之前,应先确定适用于LNG接收站的库存控制策略。因此,首先,对物流系统中的库存控制策略进行筛选,在此基础上制定LNG接收站的库存控制策略;然后,建立基于静动不确定策略的LNG接收站库存控制模型,制定接收站的年度最优订货计划;最后,在最优订货计划的基础上建立基于滚动计划的LNG接收站库存控制模型,制定接收站的滚动计划。

4.1 LNG接收站库存控制策略的制定

首先,分析物流系统中的一般库存控制策略,根据LNG接收站的实际情况和LNG接收站的库存管理特点,制定LNG接收站的库存控制策略。

4.1.1 筛选物流系统中的库存控制策略

物流系统中的一般库存控制策略包括(t,S)策略、(t,R,S)策略、(R,S)策略和(Q,R)策略。其中,Q代表单次订货量;R是用于判断企业是否需要订货的库存量,只有在库存小于R时,才订货;S是企业的最大库存水平,企业每次的订货量使库存达到S;t代表企业对库存进行周期性检查,每隔一个周期检查一次[82-84]。各库存控制策略的特点总结于表4-1中。

表4-1 库存控制策略

类　　型	检查周期	特　　点
(t,S)策略	周期性检查	检查一次,发出一次订货,订货量使最大库存保持为S,适用于需求量小的货物
(t,R,S)策略	周期性检查	库存降低至R时发出订货,订货量使最大库存保持为S
(R,S)策略	连续性检查	库存降低至R时发出订货,订货量使最大库存保持为S
(Q,R)策略	连续性检查	库存降低至R时发出订货,订货量为Q,适用于需求波动大的货物

由于LNG接收站的单次订货量Q受LNG船船容的限制,有几种船型就对应有几个订货量,因此接收站的单次订货量Q只能是离散的某几个值,不能始终达到使最大库存量保持为S的要求。从表4-1可知,只有(Q,R)策略满足每次订货量不变且都为Q的要求,其他三种策略的单次订货量都是变化的。但是,(Q,R)策略采用的是对库存进行连续性检查,当库存量降低至订货水平R时,发出订货。而对于LNG接收站,它的订货水平R即为3.2.3中定义的安全库存水平,在接收站的库存量降低到安全库存水平之前发出订货,该订货在库存量刚好降低至安全库存水平时到达接收站对库存进行补充。LNG运输船抵达LNG接收站后不

能立刻对库存进行补充,需要经 LNG 船靠岸停泊、卸货等一系列操作后才能使 LNG 到达储罐补充库存量。LNG 船的靠岸停泊时间通常需要十几个小时,卸货时间一般需要十几个小时。这一系列操作通常需要一天以上,所以,选用一天为一个周期对 LNG 接收站的库存量进行周期性检查是比较合理的。

综上所述,LNG 接收站的库存控制策略采用 (Q,R) 策略和 (t,R,S) 策略的综合策略。以一年 365 天为一个计划时间段对 LNG 接收站的库存进行周期性检查,当库存量降低至安全库存水平时,直接实现 LNG 订货的到货,单次订货量为 Q。不需要在每一期订货的原因是 LNG 的长期贸易合同要求提前 1~3 个月提交接收站下一年的年度订货计划,因此,提交年度计划时对 LNG 接收站的需求进行一次性订货。

4.1.2 制定 LNG 接收站的库存控制策略

以 365 天为一个计划时间段制定 LNG 接收站的年度订货计划,以 1 天为一个周期对接收站的库存进行周期性检查。接收站下游市场每天的需求为 f_t,是随机变量。需求分布随时间变化,并且每天的需求独立。LNG 接收站在第 t 天末的库存为 I_t,第 t 天的安全库存水平为 SS_t。定义第 1 天开始前 LNG 接收站的初始库存为 I_0,初始安全库存水平为 SS_0,初始订货次数 $n=0$。首先,比较初始库存 I_0 与初始安全库存水平 SS_0,如果 $I_0 > SS_0$,则第 1 天不需要实现 LNG 的到货,第 1 天末的库存 $I_1 = I_0 - f_1$;否则第 1 天要实现到货,接收站在第 1 天之前订货,订货量为 Q,该订货量入库后库存量增加 Q,第 1 天末的库存 $I_1 = I_0 - f_1 + Q$。定义 $z_t(z_t = 0,1)$ 为 LNG 的到货时间点,第 t 天到货则 $z_t = 1$,否则 $z_t = 0$;定义集合 $\Gamma = \{t \mid z_t = 1\}$ 是一年中 $z_t = 1$ 的时间点的集合,表示 LNG 接收站在该集合时间点要实现 LNG 的到货;定义集合 $\Psi = \{t \mid z_t = 0\}$ 是一年中 $z_t = 0$ 的时间点的集合,表示 LNG 接收站在该集合时间点不实现 LNG 的到货。那么第 1 天末的库存 I_1 可表示为 $I_1 = I_0 + z_1 Q - f_1$。每天末对 LNG 接收站的库存进行检查,若 $I_t > SS_t$,则第 $t+1$ 天不实现到货,否则要实现到货,第 $t+1$ 天末的库存 $I_{t+1} = I_t + z_{t+1} Q - f_{t+1}$。

LNG 接收站的订货提前期 L_T 为 LNG 运输船从 LNG 资源地出发抵达 LNG 接收站码头并完成 LNG 的卸货操作所需要的时间,包括 LNG 船的航行时间、LNG 船靠岸停泊时间以及 LNG 的卸货时间。若检测到 LNG 接收站在第 $t-1$ 天的库存量 I_{t-1} 小于安全库存水平 SS_{t-1} 时,LNG 接收站需要在第 t 天实现 LNG 的到货,LNG 资源地应在第 $t-L_T$ 天进行发货,其中 $t \in \Gamma$。LNG 运输船在第 $t-L_T$ 天从资源地码头出发,经过一个固定的订货提前期 L_T 后到达接收站码头完成 LNG 的卸货作业,此时新的一批 LNG 便能在第 t 天进入 LNG 储罐,对库存进行补充。LNG 接收站库存控制策略框图如图 4-1 所示,具体步骤如下:

步骤1:定义 $n=0$;

步骤2:若 $I_0>SS_0$,则 $I_1=I_0-f_1,n=0,z_1=0,1\in\Psi$;否则 $I_1=I_0-f_1+Q,n=1,z_1=1,1\in\Gamma$,转到步骤3;

步骤3:若 $1\leq t\leq 364$,计算 I_t;

步骤4:若 $I_t>SS_t$,则转到步骤5,否则转到步骤6;

步骤5:$I_{t+1}=I_t-f_{t+1},n=n,z_{t+1}=0,t+1\in\Psi,t=t+1$,若 $t<365$,转到步骤3,否则转到步骤7;

步骤6:$I_{t+1}=I_t-f_{t+1}+Q,n=n+1,z_{t+1}=1,t+1\in\Gamma,t=t+1$,若 $t<365$,转到步骤3,否则转到步骤7;

步骤7:结束。

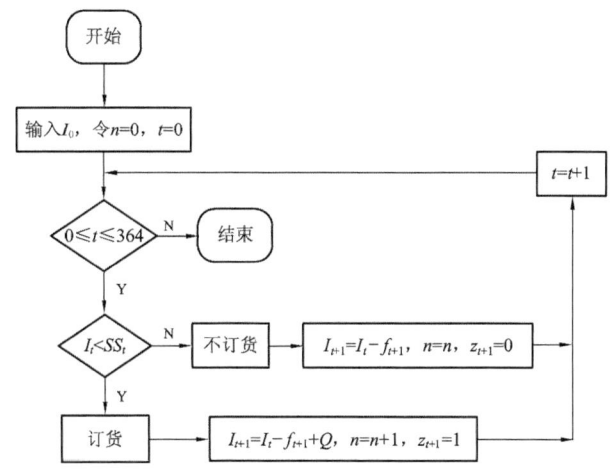

图4-1 LNG接收站库存控制策略

由于LNG是低温液体的特殊性,LNG通过运输船运送到LNG接收站码头时不能立刻进入LNG储罐,而需要对LNG船进行靠岸停泊、抛锚系锚等一系列操作,由卸料臂将LNG接卸至LNG储罐,这一连贯的操作通常需要1~2天甚至更多的时间。这就意味着LNG船到达接收站码头后需要停泊一段时间才能离港,如果接收站的码头个数只有1个,并且这期间又安排了另一艘LNG船来送货,则这艘LNG船就需要等上一艘LNG船离港后才能进行卸货作业。这将造成LNG船排队等待的现象,引起不必要的滞港违约金。所以,到达LNG接收站码头的相邻两艘LNG船有一个最短卸船间隔时间限制,该最短卸船间隔时间 T_j 取决于LNG船的夜间泊位限制时间、在LNG接收站码头的靠岸停泊时间、卸货时间以及LNG接收站码头的泊位数。

到达LNG接收站码头的相邻两船的卸货间隔时间受最短间隔时间 T_j 的限

制后,LNG 接收站便不可能每天都能实现 LNG 的到货。若预测到 LNG 接收站在第 t 天需要实现到货,且第 $t+T_j$ 天内也需要到货时,便会出现上述 LNG 船排队等候的现象。因此这种情况只能将原本在 $t+T_j$ 天内的到货延迟,但是 LNG 的到货也不能一味地延迟,当延迟天数过长时很可能会造成 LNG 接收站缺货。如果受最短卸船间隔时间 T_j 的限制后,LNG 接收站出现缺货现象,则说明原订货计划确定的单次订货量 Q 太小,应增加订货量,延长 LNG 船的卸船间隔时间,以满足最短卸船间隔时间的约束。因为单次订货量 Q 越大,LNG 运输船的来船的频率就越小,相邻两船的来船间隔时间就越长,越容易满足最短卸船间隔时间的限制。因此,考虑了 LNG 接收站的最短卸船间隔时间后,其库存控制策略应作以下调整:若 LNG 接收站在第 t 天要实现到货,则 $z_t=1$,那么无论 LNG 接收站第 $t+T_j$ 天内应不应该实现 LNG 的到货,都不能到货,z_{t+1} 到 z_{t+T_j} 都必须为 0,即 $\sum_{i=t+1}^{t+T_j} z_i = 0$。考虑了最短卸船间隔时间后的 LNG 接收站库存控制策略框图如图 4-2 所示,具体步骤如下。

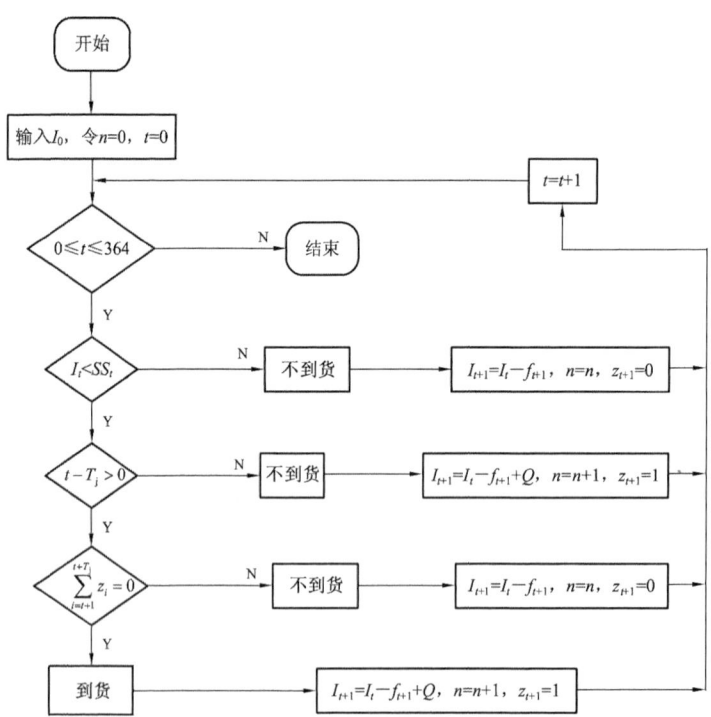

图 4-2 考虑了最短卸船间隔时间的 LNG 接收站库存控制策略

步骤1:定义 $n=0$;

步骤2:若 $I_0 > SS_0$,则 $I_1 = I_0 - f_1, n=0, z_1=0, 1 \in \Psi$;否则 $I_1 = I_0 - f_1 + Q$, $n=1, z_1=1, 1 \in \Gamma$,转到步骤3;

步骤3:若 $1 \leqslant t \leqslant 364$,计算 I_t;

步骤4:若 $I_t > SS_t$,则转到步骤5,否则转到步骤6;

步骤5:$I_{t+1} = I_t - f_{t+1}, n=n, z_{t+1}=0, t+1 \in \Psi, t=t+1$,若 $t<365$,转到步骤3,否则转到步骤8;

步骤6:若 $\sum_{i=t+1}^{t+T_j} z_i = 0$,则转到步骤7,否则转到步骤5;

步骤7:$I_{t+1} = I_t - f_{t+1} + Q, n=n+1, z_{t+1}=1, t+1 \in \Gamma, t=t+1$,若 $t<365$,转到步骤3,否则转到步骤8;

步骤8:结束。

4.2 建立基于静动不确定策略的LNG接收站库存控制模型

4.2.1 改进基于静动不确定策略的库存控制模型

静动不确定策略是在计划时段之前确定计划时间段内每期的订货点,保留每期的订货量为变量,在上一期的需求实现后再确定下一期订货量的库存控制模型。由于LNG贸易严格遵循"照付不议"的购销模式,需要在提交年度订货计划时便确定下一年每期的订货点和订货量,并且订货量不能大幅调整,因此,需要对原模型进行以下改进:在计划时间段之前确定整个计划时间段内每期的订货点和订货量,每期的需求实现后不能调整下一期的订货点和订货量。

由于LNG长期贸易合同要求LNG接收站必须在订货提前期1~3个月之前向LNG资源地提交下一年的年度订货计划,因此,LNG接收站的订货计划以一年为计划时间段,相应的为LNG接收站制定的订货计划为年度最优订货计划,提前确定下一年的订货量 Q 及到货时间点 z_t(该订货量 Q 经过一个固定的订货提前期 L_T 后到达接收站的时间点)。基于年度订货计划的库存关系如图4-3所示。

结合LNG接收站的库存管理特点,对基于静动不确定策略的库存控制模型进行以下改进:

(1)基于静动不确定策略的库存控制模型是在库存降低至订货水平时发出订货,而LNG长期贸易合同要求在订货提前期之前提交年度订货计划,因此,LNG接收站一年只需进行一次订货,在这一年中,当接收站的库存降低至安全

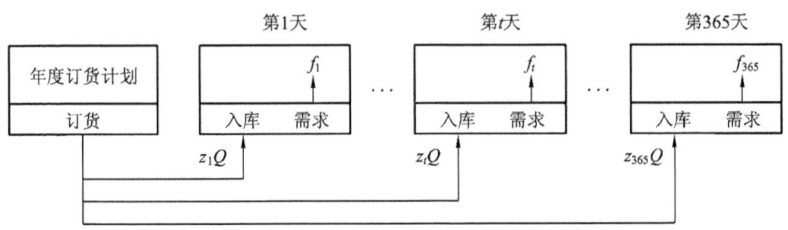

图 4-3 基于年度订货计划的库存关系示意图

库存水平时,直接实现 LNG 的到货而不是发出订货。

(2)基于静动不确定策略的库存控制模型的订货量和订货次数随机,而 LNG 接收站的订货量受 LNG 船船型限制,订货次数受接收站码头泊位利用率的限制,因此其订货量固定,订货次数有限。

(3)基于静动不确定策略的库存控制模型的总成本包括订货成本、库存成本和缺货成本,由于 LNG 的运输费用高、卸货费用高、超货时会产生滞港费,因此其总成本还应包括 LNG 的运输成本、卸货成本及超货成本。

(4)基于静动不确定策略的库存控制模型的约束条件只有单次订货量大于 0,而 LNG 接收站的库存量受库存水平限制、订货量受 LNG 船船型限制、订货次数受接收站码头泊位利用率的限制、到货时间受最短卸船间隔时间限制,因此,其约束条件相应地增加库存量限制、订货量限制、订货次数限制及到货时间限制。

4.2.2 研究 LNG 供应链的期望总成本

在一个周期中从第 t 天到第 $t+1$ 天,若库存持有 LNG,则会产生库存维持成本,定义 h_t 为 LNG 的单位库存维持成本。当库存不能满足下游市场的需求时,接收站出现缺货现象,定义 π_t 为 LNG 的单位缺货成本。当 LNG 储罐的剩余储存空间不能容纳 LNG 船的卸货量时,接收站出现超货现象,定义 δ_t 为 LNG 的单位超货成本。在年度最优订货计划制定后会生成一个订单,LNG 资源地将在规定的订货点 $t-L_T$ 发货,这批订货经一个固定的订货提前期 L_T 后实现到货,订货量 Q 立刻入库对库存进行补充。在提交年度订货计划时,无论订货量为多少,固定订货成本都为 k_t。除了固定订货成本外,还有可变订货成本,取决于 LNG 的总订货量。

有随机需求的多期库存控制问题可以表示为寻求最优的到货点 z_t^* 和订货量 Q^*,来最小化一年内的期望总成本的问题。因此,模型的目标函数为 LNG 供应链的年期望总成本:

第4章 基于静动不确定策略的LNG接收站库存控制模型

$$S = S_1 + S_2 + S_3 + S_4 + S_5 + S_6 \quad (4-1)$$

式中 S——LNG 供应链的年期望总成本, 10^4 美元/a;
S_1——LNG 年订货成本, 10^4 美元/a;
S_2——LNG 年库存成本, 10^4 美元/a;
S_3——LNG 年卸货成本, 10^4 美元/a;
S_4——LNG 年运输成本, 10^4 美元/a;
S_5——LNG 年缺货成本, 10^4 美元/a;
S_6——LNG 年超货成本, 10^4 美元/a。

式(4-1)中,LNG 接收站的年缺货成本 S_5 和年超货成本 S_6 在年度最优订货计划中是不可能产生的。因为该期望总成本 S 是指基于年度订货计划的 LNG 供应链期望总成本,而年度订货计划是通过对 LNG 接收站的库存进行管理与控制后,在保证接收站不出现缺货和超货现象的基础上制定的。因此,年度订货计划的期望总成本不包括缺货成本和超货成本,应将这两项从年期望总成本 S 中省略掉,目标函数可改写为:

$$S = S_1 + S_2 + S_3 + S_4 \quad (4-2)$$

(1) LNG 年订货成本 S_1。

LNG 的订货成本由 LNG 的固定订货成本和可变订货成本组成。其中,固定订货成本为订货过程中发生的差旅费和通信费等费用[85],取决于 LNG 的订货次数。由于 LNG 接收站与 LNG 卖方签订的是长期贸易合同,每年的订货次数为1,所以只产生一次固定订货成本。可变订货成本为 LNG 的购买成本,取决于 LNG 的单价和订货量。所以,订货成本表示为:

$$S_1 = k_t + \sum_{t=1}^{365}(z_t c_t Q) \quad (4-3)$$

式中 k_t——LNG 的固定订货成本,10^4 美元/次;
z_t——LNG 接收站在第 t 天的到货时间点, $z_t = 0,1$;
c_t——LNG 的单价,美元/m^3;
Q——LNG 接收站的单次订货量,10^4 m^3。

在 LNG 的国际贸易中,采用 LNG 的热值(Million British Thermal Units,百万英热单位,简称 MMBTU)计价[86],而我国是以体积计价,因此,应首先对单位进行换算,换算公式如下:

$$c_t = \frac{R\rho_{\text{LNG}} S_{\text{dLNG}}}{\mu} \quad (4-4)$$

式中 R——LNG 的热值,MJ/kg;

S_{dLNG}——LNG 的单价,美元/MMBTU;

μ——1055.06,MJ 与 MMBTU 之间的单位换算系数,1MMBTU = 1055.06MJ。

所以,LNG 的年订货成本 S_1 可表示为:

$$S_1 = k_t + \sum_{t=1}^{365} \frac{z_t R \rho_{\mathrm{LNG}} S_{\mathrm{dLNG}} Q}{\mu} \qquad (4-5)$$

(2)LNG 年库存成本 S_2。

LNG 的库存成本是指 LNG 接收站为储存 LNG 而发生的经营成本[87],包括 LNG 储罐及低压泵、高压泵、气化器等设备的折旧,LNG 接收站工作人员的工资及保险等费用[88]。定义 LNG 接收站的单位库存维持成本为 h_t,则 LNG 接收站每天的库存持有成本取决于每天的库存量,如下式:

$$S_2 = \sum_{t=1}^{365} (h_t E[I_t^+]) \qquad (4-6)$$

式中 h_t——LNG 每天的单位库存持有成本,美元/($m^3 \cdot d$);

$E[I_t^+]$——LNG 接收站每天末大于 0 的库存,$10^4 m^3$。

I_t 是 LNG 接收站在第 t 天末的库存,$E[I_t^+]$ 只能是大于 0 的库存,表示为 $E[\max\{I_t, 0\}]$。

(3)LNG 年卸货成本 S_3。

LNG 的卸货成本主要为 LNG 船的港口使用费,是指供 LNG 船舶停靠、卸货的港口凭自己的设施和设备,对 LNG 船进行卸货服务,根据相关标准向服务对象收取的费用,主要包括停泊费、系缆费、解缆费、保安费、港务费和码头使用费[89]。其中系缆、解缆费用一般为 200~300 元(人民币)一次,与卸货量无关,该费用相对于 LNG 的购买成本和运输成本很小,忽略不计。只考虑 LNG 船的停泊费、保安费、港务费和码头使用费,这四项费用都与 LNG 的卸货量有关,卸货量越大,各项费用越高。因此,以下式计算 LNG 的卸货成本:

$$S_3 = \sum_{t=1}^{365} \left\{ z_t \left[n_t + n_g + n_h + n_d \left(\frac{T_2}{24} + T_x \right) \right] V_{\mathrm{sx}} \right\} \qquad (4-7)$$

式中 n_t——LNG 船停泊费系数;

n_g——LNG 船保安费系数;

n_h——LNG 船港务费系数;

第4章 基于静动不确定策略的LNG接收站库存控制模型

n_d——码头每天的使用费系数;
T_2——LNG船在接收站码头的停泊时间,h;
T_x——LNG卸货时间,d;
V_{sx}——LNG运输船抵港卸货量,$10^4 m^3$。

上式中的 $\frac{T_2}{24} + T_x$ 为LNG船在接收站的总停泊时间,$\frac{T_2}{24}$ 为靠岸停泊时间,T_x 为卸货时间。LNG运输船的卸货时间 T_x 取决于接收站的接卸能力。LNG船到达接收站停泊稳定后开始卸货操作,LNG首先以 v_1 的低流量卸料,以保证对卸料管线的缓慢冷却。然后在 t_1 时间段内逐渐将卸料速率增加到设计值 v_x,正式开始LNG的大量卸货。最后,在卸货结束前的 t_2 时间段内,逐台停止卸料泵,将卸料速率从 v_x 逐渐降到零,完成卸货。因此,LNG运输船卸货时间 T_x 包括低流量下卸货时间和设计流量下的卸货时间,总卸货时间表示为:

$$T_x = \frac{t_1 + t_2}{24} + \frac{V_{sx} - Q_{c1} - Q_{c2}}{24 v_x} \quad (4-8)$$

式中 t_1——LNG运输船的初始低流量卸货时间,h;
t_2——LNG运输船的末尾低流量卸货时间,h;
v_x——LNG运输船的卸载速率,$10^4 m^3/h$;
Q_{c1}——LNG运输船的初始低流量卸货量,$10^4 m^3$;
Q_{c2}——LNG运输船的末尾低流量卸货量,$10^4 m^3$。

其中,Q_{c1} 和 Q_{c2} 是卸货作业中的低流量卸货量,分别表示为:

$$Q_{c1} = \int_0^{t_1} \left(\frac{v_x - v_1}{t_1} t + v_1 \right) dt \quad (4-9)$$

$$Q_{c2} = \int_0^{t_2} \frac{v_x}{t_2} t dt \quad (4-10)$$

式中 v_1——LNG运输船的初始低流量卸货速率,$10^4 m^3/h$。

将各影响参数代入式(4-7)得LNG的卸货成本为:

$$S_3 = \sum_{t=1}^{365} \left\{ \frac{z_t V_{sx} n_d}{24 v_x} \left[V_{sx} - \int_0^{t_1} \left(\frac{v_x - v_1}{t_1} t + v_1 \right) dt - \int_0^{t_2} \frac{v_x}{t_2} t dt \right] \right\}$$

$$+ \sum_{t=1}^{365} \left\{ z_t V_{sx} \left[n_t + n_g + n_h + \frac{n_d}{24}(T_2 + t_1 + t_2) \right] \right\} \quad (4-11)$$

(4)LNG年运输成本 S_4。

LNG 的贸易方式分为 FOB 贸易方式和 DES 贸易方式,LNG 的运输成本因 LNG 贸易方式的不同而不同。当卖方负责 LNG 的运输时,采用 DES 贸易方式,运输成本为 0;当买方租船负责 LNG 的运输时,采用 FOB 贸易方式,运输成本为 LNG 船的租金;当买方造船负责 LNG 的运输时,采用 FOB 贸易方式,运输成本为 LNG 船的燃料费和保养费。因此,应按 LNG 的运输方式分别讨论其运输成本。所以,基于 LNG 的卖方负责运输、买方租船运输和买方造船运输的三种运输方式分三种情况来表示 LNG 的年运输成本 S_4,具体如下:

① 卖方负责 LNG 运输时的年运输成本 S_4。

由于是卖方负责 LNG 的运输,LNG 接收站付的是 LNG 的到岸价格,该价格比离岸价格高,因为到岸价格已经考虑了 LNG 的运输费用,所以从 LNG 买方的角度来看运输成本为 0,如下式所示:

$$S_4 = 0 \qquad (4-12)$$

② 买方租船负责 LNG 运输时的年运输成本 S_4。

买方租船负责 LNG 的运输时,运输成本主要为 LNG 船的租金,取决于 LNG 船每天的租金和总用时,表示为:

$$S_4 = \sum_{t=1}^{365} (z_t \beta T_z) \qquad (4-13)$$

式中 β——LNG 运输船的租金,10^4 美元/d;

T_z——LNG 运输船航行一次总用时,d。

其中,LNG 船航行一次的总用时 T_z 包括 LNG 船在 LNG 资源地的靠岸停泊时间、在资源地码头的装货时间、到达目的地的航行时间、在 LNG 接收站码头的靠岸停泊时间以及 LNG 的卸货时间,表示为:

$$T_z = T_h + T_t + T_c + T_x \qquad (4-14)$$

式中 T_h——LNG 船航行时间,d;

T_t——LNG 船在资源地和接收站的靠岸停泊时间,d;

T_c——LNG 船在资源地码头的装货时间,d。

其中,航行时间 T_h 取决于 LNG 船的航行距离与航行速度,表示为:

$$T_h = \frac{L}{24 v_h} \qquad (4-15)$$

式中 L——资源地与接收站的距离,km;

v_h——LNG 运输船的航行速度,km/h。

靠岸停泊时间 T_t 包括 LNG 船在 LNG 资源地的靠岸停泊时间和在 LNG 接

收站码头的靠岸停泊时间,表示为:

$$T_{\mathrm{t}} = \frac{T_1 + T_2}{24} \tag{4-16}$$

式中　T_1——LNG 运输船在资源地码头的停泊时间,h。

LNG 船在 LNG 资源地码头的装货时间 T_c 取决于 LNG 船的装货量和装货速率,表示为:

$$T_{\mathrm{c}} = \frac{V_{\mathrm{sz}}}{24 v_{\mathrm{c}}} \tag{4-17}$$

式中　V_{sz}——LNG 运输船在资源地的装货量,$10^4 \mathrm{m}^3$;

　　　v_{c}——LNG 运输船在资源地的装货速率,$10^4 \mathrm{m}^3/\mathrm{h}$。

卸货时间 T_x 已在式(4-8)中表示,将 LNG 船航行一次的总用时代入年运输成本 S_4 的表达式中,则运输成本可改写为:

$$S_4 = \sum_{t=1}^{365} \left\{ \frac{z_t \beta}{24} \left[\frac{L}{v_{\mathrm{h}}} + T_1 + T_2 + \frac{V_{\mathrm{sz}}}{v_{\mathrm{c}}} + t_1 + t_2 + \frac{V_{\mathrm{sx}}}{v_{\mathrm{x}}} - \frac{1}{v_{\mathrm{x}}} \int_0^{t_1} \left(\frac{v_{\mathrm{x}} - v_1}{t_1} t + v_1 \right) \mathrm{d}t \right. \right.$$

$$\left. \left. - \frac{1}{v_{\mathrm{x}}} \int_0^{t_2} \frac{v_{\mathrm{x}}}{t_2} t \mathrm{d}t \right] \right\} \tag{4-18}$$

③ 买方造船负责 LNG 运输时的年运输成本 S_4。

买方造船负责 LNG 的运输时,运输成本主要为 LNG 船的燃料费和保养费,燃料费取决于 LNG 船每天的耗油量和耗气量及相应的油价和气价,保养费主要取决于 LNG 船的造价,表示为:

$$S_4 = \sum_{t=1}^{365} \left[z_t (S_{\mathrm{rq}} + S_{\mathrm{ry}}) \right] + S_{\mathrm{bf}} \tag{4-19}$$

式中　S_{rq}——LNG 船航行一次的燃气费,10^4 美元/次;

　　　S_{ry}——LNG 船航行一次的燃油费,10^4 美元/次;

　　　S_{bf}——LNG 船的年保养费,10^4 美元/a。

在 LNG 船的航行中,船用燃油和 LNG 蒸发气一起作为 LNG 船的驱动力燃料,LNG 的蒸发气包括 LNG 的自然蒸发气和强制蒸发气,强制蒸发气的量取决于燃油及 LNG 的价格,经权衡计算后,确定是否采用强制蒸发气及强制蒸发气的量[90]。LNG 船的燃气费表示为:

$$S_{\mathrm{rq}} = \frac{R\rho_{\mathrm{LNG}}S_{\mathrm{dLNG}}(k_{\mathrm{b1}}+k_{\mathrm{b2}})}{\mu}V_{\mathrm{sz}}T_{\mathrm{z}} \qquad (4-20)$$

式中　k_{b1}——LNG 运输船航行时每天的自然蒸发率,%;

　　　k_{b2}——LNG 运输船航行时每天的强制蒸发率,%。

LNG 船的燃油费包括 LNG 船在航行中产生的重油费和在停泊中产生的轻油费[91],取决于 LNG 船每天消耗的重油量、轻油量、重油价格、轻油价格、LNG 船的航行时间及 LNG 船的停泊时间,表示为:

$$S_{\mathrm{ry}} = S_{\mathrm{dz}}\eta_{\mathrm{z}}T_{\mathrm{h}} + S_{\mathrm{dq}}\eta_{\mathrm{q}}(T_{\mathrm{t}}+T_{\mathrm{x}}+T_{\mathrm{c}}) \qquad (4-21)$$

式中　S_{dz}——重油燃油价格,美元/t;

　　　S_{dq}——轻油燃油价格,美元/t;

　　　η_{z}——每天重油消耗量,10^4 t/d;

　　　η_{q}——每天轻油消耗量,10^4 t/d。

LNG 船的年保养费包括 LNG 船船员年费用、LNG 船年折旧费、LNG 船年修理费、LNG 船年管理费及 LNG 船年保险费[92]。其中,LNG 船船员费用包括船员的工资、津贴、奖金及其他附加费;LNG 船的年折旧费利用直线折旧法按其使用年限进行折旧,残值为原值的 10%;LNG 船的修理费包括 LNG 船的航次修理、岁修和大修等,在保证 LNG 船正常工作的前提下,一般修理费可按船舶的造价进行一定的比例换算;LNG 船进行运输作业时,除船舶固定投入外,还需投入人力,设立相关机构,这些开支统称为管理费;LNG 船的保险费应由保险公司根据船舶年龄、技术状态及造价确定,由于 LNG 的造价比普通船舶的造价高很多,因此其保险费也相对高很多,可按船舶的造价进行一定的比例换算。所以,LNG 船的年保养费可表示为:

$$S_{\mathrm{bf}} = \alpha n_{\mathrm{s}} + \left(\frac{0.9}{n_{\mathrm{f}}} + n_{\mathrm{r}} + n_{\mathrm{m}} + n_{\mathrm{q}}\right)P \qquad (4-22)$$

式中　α——LNG 船船员年费用,10^4 美元/(a·人);

　　　n_{s}——LNG 船船员人数;

　　　P——LNG 船造价,10^4 美元;

　　　n_{f}——LNG 船使用年限,a;

　　　n_{r}——LNG 船的年修理费为造价的倍数;

　　　n_{m}——LNG 船的年管理费为造价的倍数;

　　　n_{q}——LNG 船的年保险费为造价的倍数。

因此,买方造船负责 LNG 的运输时,年运输成本可表示为:

$$S_4 = \sum_{t=1}^{365}\left[\frac{z_t R\rho_{LNG}S_{dLNG}(k_{b1}+k_{b2})V_{sz}}{24\mu}\left(\frac{L}{v_h}+T_1+T_2+\frac{V_{sz}}{v_c}+t_1+t_2+\frac{V_{sx}}{v_x}\right)\right]$$

$$-\sum_{t=1}^{365}\left\{\frac{z_t R\rho_{LNG}S_{dLNG}(k_{b1}+k_{b2})V_{sz}}{24\mu v_x}\left[\int_0^{t_1}\left(\frac{v_x-v_1}{t_1}t+v_1\right)\mathrm{d}t+\int_0^{t_2}\frac{v_x}{t_2}t\mathrm{d}t\right]\right\}$$

$$+\sum_{t=1}^{365}\left[z_t S_{dz}\eta_z\frac{L}{24v_h}+z_t S_{dq}\eta_q\left(\frac{T_1+T_2+t_1+t_2}{24}+\frac{V_{sz}}{24v_c}+\frac{V_{sx}}{24v_x}\right)\right]$$

$$-\sum_{t=1}^{365}\left\{\frac{z_t S_{dq}\eta_q}{24v_x}\left[\int_0^{t_1}\left(\frac{v_x-v_1}{t_1}t+v_1\right)\mathrm{d}t+\int_0^{t_2}\frac{v_x}{t_2}t\mathrm{d}t\right]\right\} \quad (4-23)$$

$$+\alpha n_s+\left(\frac{0.9}{n_f}+n_r+n_m+n_q\right)P$$

4.2.3 确定 LNG 接收站库存控制模型的约束条件

得到目标函数后,需制定约束条件,LNG 接收站的库存量只有在储罐罐容所能容纳的范围内,订货计划才是可行的,只有可行的订货计划才有经济性可言。因此,首先对目标函数的约束条件进行分析,只有满足了约束条件的订货计划才是可行的,再在此基础上,比较订货计划的经济性,确定接收站的最优订货计划。

(1)最大库存水平约束。

LNG 接收站的库存量不能大于其最大库存水平,否则接收站将出现超货现象,表示为:

$$I_t \leq n_c V_{gh}, t=1,2,\cdots,365 \quad (4-24)$$

(2)最小库存水平约束。

LNG 接收站的库存量不能小于其最小库存水平,否则接收站将发生缺货,表示为:

$$I_t \geq n_c V_{gl}, t=1,2,\cdots,365 \quad (4-25)$$

(3)订货量受 LNG 船容约束。

在确定订货量与 LNG 船船容的关系之前,首先分析 LNG 船在 LNG 接收站码头的卸货量 V_{sx} 与 LNG 船船容的关系。LNG 船一般不完全装满,存在一个装载率,为 LNG 的蒸发留下足够的储存空间,防止 LNG 船内的储存容器因压力过大而变形。LNG 船内的 LNG 也不会完全卸完,有一定量的残留,一方面是由于这部分 LNG 不容易泵出 LNG 船,另一方面这部分 LNG 留在 LNG 船内可对 LNG 船的储存容器进行冷却,使该容器始终处于低温状态。所以,LNG 船的卸货量与 LNG 船的船容之间的关系可表示为:

$$V_{sx} = \left(k_z - k_c - \frac{k_z(k_{b1} + k_{b2})L}{24v_h}\right)V_s \quad (4-26)$$

式中 V_s——LNG 运输船船容,$10^4 m^3$;

        k_z——LNG 运输船的装载率,%;

        k_c——LNG 运输船的残留率,%。

LNG 接收站的单次订货量受 LNG 运输船船容的限制,只能是离散的、固定的数值,并且单次订货量与 LNG 的贸易方式有关。当 LNG 采用 DES 贸易方式时,卖方负责 LNG 的运输,单次订货量为 LNG 船的抵港卸货量;当 LNG 采用 FOB 贸易方式时,买方负责 LNG 的运输,单次订货量为 LNG 船在资源地的装货量。所以,LNG 接收站的订货量分以下两种情况讨论:

① 卖方负责 LNG 的运输。

卖方负责 LNG 的运输时,采用 DES 贸易方式,买卖双方在 LNG 接收站码头进行交易,因此,订货量 Q 为 LNG 船在接收站码头的卸货量 V_{sx},表示为:

$$Q = V_{sx} \quad (4-27)$$

LNG 船在资源地码头的装货量 V_{sz} 为订货量与 LNG 在航行过程中的蒸发量之和,表示为:

$$V_{sz} = (1 + k_{b1} + k_{b2})Q \quad (4-28)$$

② 买方租船/买方造船运输 LNG。

买方负责 LNG 的运输时,采用 FOB 贸易方式,买卖双方在 LNG 资源地码头进行交易,因此,订货量 Q 为 LNG 船在资源地码头的装货量 V_{sz},表示为:

$$Q = V_{sz} \quad (4-29)$$

LNG 船在接收站码头的卸货量 V_{sx} 为订货量减去 LNG 在航行过程中的蒸发量,表示为:

$$V_{sx} = (1 - k_{b1} - k_{b2})Q \quad (4-30)$$

(4)泊位利用率约束。

考虑到 LNG 的卸货时间、海上风浪条件、接收站夜间不开展卸货作业等因素,LNG 接收站码头的泊位数限制了其利用率。泊位利用率的设计值是在满足 LNG 接收站正常进货的基础上,保证接收站码头不出现 LNG 船排队等待的现

象。因此,泊位利用率对 LNG 船在接收站码头的年总订货次数进行了限制,表示为:

$$\frac{\sum_{t=1}^{365}[z_t(T_x + T_2)]}{365n_p} \leqslant \gamma_p \quad (4-31)$$

式中 n_p——LNG 接收站泊位数;

γ_p——LNG 接收站泊位利用率,%。

因为 $z_t = 1$ 表示在第 t 天实现到货,$z_t = 0$ 表示在第 t 天不实现到货,所以 $\sum_{t=1}^{365} z_t$ 表示 LNG 接收站的年总订货次数。

(5)最短卸船间隔时间约束。

LNG 船在接收站的总停留时间包括 LNG 船的靠岸停泊时间、卸货作业时间及夜间泊位限制时间。如果 LNG 接收站只有一个泊位数,则在这段停留时间内接收站不能对下一艘 LNG 船进行卸货,否则会出现 LNG 船排队等待的现象,这不但影响 LNG 接收站码头的正常工作,还会造成多余的码头使用费和 LNG 船使用费。因此,应避免这种现象的发生,必须在最短卸船间隔时间之后进行下一艘 LNG 船的卸货,最短卸船间隔时间表示为:

$$T_j = \left\lceil \frac{T_y + T_2 + 24T_x}{24n_p} \right\rceil - 1 \quad (4-32)$$

式中 T_j——到达 LNG 接收站的相邻两船的最短卸船间隔时间,d;

T_y——LNG 接收站夜间泊位限制时间,取 12h;

⌈ ⌉——向上取整符号。

4.2.4 建立基于静动不确定策略的 LNG 接收站库存控制模型

由于 LNG 船的运输成本分卖方负责运输、买方租船运输和买方造船运输三种情况讨论,运输方式不同,LNG 供应链的期望总成本不同,因此,需要针对这三种情况建立不同的 LNG 接收站库存控制模型。

(1)卖方负责运输的 LNG 接收站库存控制模型。

卖方负责 LNG 的运输时,LNG 接收站的单次订货量 Q 为 LNG 船的抵港卸货量 V_{sx}。首先,将各成本表达式中的 V_{sx} 替换为 Q,再将卖方负责运输的 LNG 年订货成本、年库存成本及年卸货成本代入 LNG 供应链的期望总成本,得到目标函数:

$$S = k_t + \sum_{t=1}^{365} \frac{z_t R\rho_{\text{LNG}} S_{\text{dLNG}} Q}{\mu} + \sum_{t=1}^{365} (h_t E[I_t^+]) + \sum_{t=1}^{365} [z_t Q(n_t + n_g + n_h)]$$

$$+ \sum_{t=1}^{365} \left\{ \frac{z_t Q n_d}{24} \left[T_2 + t_1 + t_2 - \frac{1}{v_x} \int_0^{t_1} \left(\frac{v_x - v_1}{t_1} t + v_1 \right) dt - \frac{1}{v_x} \int_0^{t_2} \frac{v_x}{t_2} t dt \right] \right\} \quad (4-33)$$

令：

$$A = \frac{R\rho_{\text{LNG}} S_{\text{dLNG}}}{\mu} + n_t + n_g + n_h + \frac{n_d (T_2 + t_1 + t_2)}{24}$$

$$- \frac{n_d}{24 v_x} \int_0^{t_1} \left(\frac{v_x - v_1}{t_1} t + v_1 \right) dt - \frac{n_d}{24 v_x} \int_0^{t_2} \frac{v_x}{t_2} t dt$$

将目标函数中与 Q^2 有关的项合并为一项，与 Q 有关的项合并为一项，与 Q 无关的项合并为一项，则目标函数可表示为：

$$S = k_t + \sum_{t=1}^{365} \left[z_t \left(\frac{n_d}{24 v_x} Q^2 + AQ \right) + h_t E[I_t^+] \right] \quad (4-34)$$

确定变量 Q 和 $z_t (t = 1, 2, \cdots, 365)$ 的模型可以表示为：

$$\min \left\{ k_t + \sum_{t=1}^{365} \left[z_t \left(\frac{n_d}{24 v_x} Q^2 + AQ \right) + h_t E[I_t^+] \right] \right\}$$

$$\text{s.t.} \quad I_t \leqslant n_c V_{\text{gh}}, t = 1, 2, \cdots, 365$$

$$I_t \geqslant n_c V_{\text{gl}}, t = 1, 2, \cdots, 365$$

$$Q = \left(k_z - k_c - \frac{k_z (k_{\text{b1}} + k_{\text{b2}}) L}{24 v_h} \right) V_s$$

$$\frac{\sum_{t=1}^{365} [z_t (T_x + T_2)]}{365 n_p} \leqslant \gamma_p \quad (4-35)$$

$$T_j = \left\lceil \frac{T_y + T_2 + 24 T_x}{24 n_p} \right\rceil - 1$$

$$z_t \in \{0, 1\}, t = 1, 2, \cdots, 365$$

$$E[I_t^+] = E[\max\{I_t, 0\}], t = 1, 2, \cdots, 365$$

(2) 买方租船负责运输的 LNG 接收站库存控制模型。

第4章 基于静动不确定策略的LNG接收站库存控制模型

买方租船负责LNG的运输时,LNG接收站的单次订货量Q为LNG船在资源地的装货量V_{sz},那么LNG船在接收站的卸货量V_{sx}为$(1-k_{b1}-k_{b2})Q$。首先,将各成本表达式中的V_{sz}替换为Q,V_{sx}替换为$(1-k_{b1}-k_{b2})Q$,再将买方租船负责运输的LNG年订货成本、年库存成本、年卸货成本及LNG船的年租金代入LNG供应链的期望总成本中,得到目标函数:

$$S = k_t + \sum_{t=1}^{365} \frac{z_t R \rho_{LNG} S_{dLNG} Q}{\mu} + \sum_{t=1}^{365} (h_t E[I_t^+]) + \sum_{t=1}^{365} [z_t Q(n_t + n_g + n_h + n_d)]$$

$$+ \sum_{t=1}^{365} \left\{ \frac{z_t Q n_d}{24} \left[T_2 + t_1 + t_2 - \frac{1}{v_x} \int_0^{t_1} \left(\frac{v_x - v_1}{t_1} t + v_1 \right) dt - \frac{1}{v_x} \int_0^{t_2} \frac{v_x}{t_2} t dt \right] \right\}$$

$$+ \sum_{t=1}^{365} \left\{ \frac{z_t \beta}{24} \left[\frac{L}{v_h} + T_1 + T_2 + \frac{Q}{v_c} + t_1 + t_2 + \frac{(1-k_{b1}-k_{b2})Q}{v_x} \right] \right\}$$

$$- \sum_{t=1}^{365} \left\{ \frac{z_t \beta}{24 v_x} \left[\int_0^{t_1} \left(\frac{v_x - v_1}{t_1} t + v_1 \right) dt + \int_0^{t_2} \frac{v_x}{t_2} t dt \right] \right\} \quad (4-36)$$

令:

$$B = \frac{R \rho_{LNG} S_{dLNG}}{\mu} + n_t + n_g + n_h + \frac{\beta(1-k_{b1}-k_{b2})}{24 v_x} + \frac{\beta}{24 v_c}$$

$$+ \frac{n_d}{24} \left[T_2 + t_1 + t_2 - \frac{1}{v_x} \int_0^{t_1} \left(\frac{v_x - v_1}{t_1} t + v_1 \right) dt - \frac{1}{v_x} \int_0^{t_2} \frac{v_x}{t_2} t dt \right]$$

$$C = \frac{\beta}{24} \left[T_1 + T_2 + t_1 + t_2 + \frac{L}{v_h} - \frac{1}{v_x} \int_0^{t_1} \left(\frac{v_x - v_1}{t_1} t + v_1 \right) dt - \frac{1}{v_x} \int_0^{t_2} \frac{v_x}{t_2} t dt \right]$$

将目标函数中与Q^2有关的项合并为一项,与Q有关的项合并为一项,与Q无关的项合并为一项,则目标函数可表示为:

$$S = k_t + \sum_{t=1}^{365} \left[z_t \left(n_d \frac{1-k_{b1}-k_{b2}}{24 v_x} Q^2 + BQ + C \right) + h_t E[I_t^+] \right] \quad (4-37)$$

确定变量Q和$z_t(t=1,2,\cdots,365)$的模型可以表示为:

$$\min \left\{ k_t + \sum_{t=1}^{365} \left[z_t \left(n_d \frac{1-k_{b1}-k_{b2}}{24 v_x} Q^2 + BQ + C \right) + h_t E[I_t^+] \right] \right\}$$

s.t. $I_t \leq n_c V_{gh}, t = 1,2,\cdots,365$

$I_t \geq n_c V_{gl}, t = 1,2,\cdots,365$

$$Q = (1 + k_{b1} + k_{b2})\left(k_z - k_c - \frac{k_z(k_{b1} + k_{b2})L}{24v_h}\right)V_s$$

$$\frac{\sum_{t=1}^{365}[z_t(T_x + T_2)]}{365n_p} \leqslant \gamma_p \qquad (4-38)$$

$$T_j = \left\lceil \frac{T_y + T_2 + 24T_x}{24n_p} \right\rceil - 1$$

$$z_t \in \{0,1\}, t = 1,2,\cdots,365$$

$$E[I_t^+] = E[\max\{I_t, 0\}], t = 1,2,\cdots,365$$

(3)买方造船负责运输的 LNG 接收站库存控制模型。

买方造船负责 LNG 的运输时,LNG 接收站的单次订货量 Q 为 LNG 船在 LNG 资源地的装货量 V_{sz},那么 LNG 船在接收站的卸货量 V_{sx} 为 $(1 - k_{b1} - k_{b2})Q$。首先,将各成本表达式中的 V_{sz} 替换为 Q,V_{sx} 替换为 $(1 - k_{b1} - k_{b2})Q$,再将买方造船负责运输的 LNG 年订货成本、年库存成本、年卸货成本、LNG 船的年燃料费及年保养费代入 LNG 供应链的期望总成本中,得到目标函数:

$$S = k_t + \sum_{t=1}^{365}\frac{z_t R\rho_{LNG}S_{dLNG}Q}{\mu} + \sum_{t=1}^{365}(h_t E[I_t^+]) + \alpha n_s + \left(\frac{0.9}{n_f} + n_r + n_m + n_q\right)P$$

$$+ \sum_{t=1}^{365}\left\{z_t Q\left[n_t + n_g + n_h + \frac{n_d(T_2 + t_1 + t_2)}{24} - \frac{n_d}{24v_x}\int_0^{t_1}\left(\frac{v_x - v_1}{t_1}t + v_1\right)dt - \frac{n_d}{24v_x}\int_0^{t_2}\frac{v_x}{t_2}tdt\right]\right\}$$

$$+ \sum_{t=1}^{365}\left\{\frac{z_t R\rho_{LNG}S_{dLNG}(k_{b1} + k_{b2})Q}{24\mu}\left[\frac{L}{v_h} + T_1 + T_2 + \frac{Q}{v_c} + t_1 + t_2 + \frac{(1 - k_{b1} - k_{b2})Q}{v_x}\right]\right\}$$

$$+ \sum_{t=1}^{365}\left\{z_t S_{dz}\eta_z\frac{L}{24v_h} + z_t S_{dq}\eta_q\left[\frac{T_1 + T_2 + t_1 + t_2}{24} + \frac{Q}{24v_c} + \frac{(1 - k_{b1} - k_{b2})Q}{24v_x}\right]\right\}$$

$$- \sum_{t=1}^{365}\left\{\frac{z_t R\rho_{LNG}S_{dLNG}(k_{b1} + k_{b2})Q}{24\mu v_x}\left[\int_0^{t_1}\left(\frac{v_x - v_1}{t_1}t + v_1\right)dt + \int_0^{t_2}\frac{v_x}{t_2}tdt\right]\right\}$$

$$- \sum_{t=1}^{365}\left\{\frac{z_t S_{dq}\eta_q}{24v_x}\left[\int_0^{t_1}\left(\frac{v_x - v_1}{t_1}t + v_1\right)dt + \int_0^{t_2}\frac{v_x}{t_2}tdt\right]\right\}$$

令:

第4章 基于静动不确定策略的 LNG 接收站库存控制模型

$$D = \frac{R\rho_{\text{LNG}}S_{\text{dLNG}}(k_{\text{b1}}+k_{\text{b2}})}{\mu}\left(\frac{1}{24v_{\text{c}}}+\frac{1-k_{\text{b1}}-k_{\text{b2}}}{24v_{\text{x}}}\right)+\frac{n_{\text{d}}(1-k_{\text{b1}}-k_{\text{b2}})}{24v_{\text{x}}}$$

$$E = \frac{R\rho_{\text{LNG}}S_{\text{dLNG}}(k_{\text{b1}}+k_{\text{b2}})}{\mu}\left(\frac{L}{24v_{\text{h}}}+\frac{T_1+T_2+t_1+t_2}{24}-\frac{Q_{\text{c1}}+Q_{\text{c2}}}{24v_{\text{x}}}\right)$$

$$+S_{\text{dq}}\eta_{\text{q}}\left(\frac{(1-k_{\text{b1}}-k_{\text{b2}})}{24v_{\text{x}}}+\frac{Q_{\text{c1}}}{24v_{\text{c}}}\right)$$

$$F = S_{\text{dz}}\eta_{\text{z}}\frac{L}{24v_{\text{h}}}+S_{\text{dq}}\eta_{\text{q}}\left(\frac{T_1+T_2+t_1+t_2}{24}-\frac{Q_{\text{c1}}+Q_{\text{c2}}}{24v_{\text{x}}}\right)$$

$$G = \alpha n_{\text{s}}+\left(\frac{0.9}{n_{\text{f}}}+n_{\text{r}}+n_{\text{m}}+n_{\text{q}}\right)P$$

(4-39)

将期望总成本中与 Q^2 有关的项合并为一项,与 Q 有关的项合并为一项,与 Q 无关的项合并为一项,则目标函数可表示为:

$$S = \sum_{t=1}^{365}\{z_t[DQ^2+(B+E)Q+F]h_tE[I_t^+]\}+G \quad (4-40)$$

确定变量 Q 和 $z_t(t=1,2,\cdots,365)$ 的模型可以表示为:

$$\min\left\{\sum_{t=1}^{365}\{z_t[DQ^2+(B+E)Q+F]h_tE[I_t^+]\}+G\right\}$$

s.t. $I_t \leq n_{\text{c}}V_{\text{gh}}, t=1,2,\cdots,365$

$I_t \geq n_{\text{c}}V_{\text{gl}}, t=1,2,\cdots,365$

$$Q = (1+k_{\text{b1}}+k_{\text{b2}})\left(k_{\text{z}}-k_{\text{c}}-\frac{k_{\text{z}}(k_{\text{b1}}+k_{\text{b2}})L}{24v_{\text{h}}}\right)V_{\text{s}}$$

(4-41)

$$\frac{\sum_{t=1}^{365}[z_t(T_{\text{x}}+T_2)]}{365n_{\text{p}}} \leq \gamma_{\text{p}}$$

$$T_{\text{j}} = \left\lceil \frac{T_{\text{y}}+T_2+24T_{\text{x}}}{24n_{\text{p}}}\right\rceil -1$$

$z_t \in \{0,1\}, t=1,2,\cdots,365$

$E[I_t^+] = E[\max\{I_t,0\}], t=1,2,\cdots,365$

4.3 求解基于静动不确定策略的LNG接收站库存控制模型

美国的Wagner – Whitin提出的剔除法(简称W – W法)是解决非均匀需求库存问题的最有效算法。所以,在应用灰色预测法得到LNG接收站下游市场的需求预测结果后,可以应用W – W法确定LNG接收站的订货计划。

W – W法是在不考虑订货提前期的条件下,对确定性需求库存问题进行的动态库存管理的方法。定义LNG接收站在第$t(t=1,2,\cdots,365)$天的需求为f_t,在第$t-1$天末的库存量预测值I_{t-1}决定了LNG接收站在第t天是否实现到货。W – W算法要解决的问题是如何确定最优的订货量$Q_t^*(t=1,2,\cdots365)$和到货时间点$z_t^*(t=1,2,\cdots,365)$,使LNG接收站的年期望总成本最小。

在确定的需求下,W – W算法证明最优的订货策略满足:

$$Q_t(I_{t-1} - SS_{t-1}) = 0,(t = 1,2,\cdots,365) \qquad (4-42)$$

要制定最优订货策略就意味着需要订货,那么$Q_t \neq 0$,否则没有订货量,因此,此时$I_{t-1} - SS_{t-1} = 0$且$Q_t > 0$,即只有第$t-1$天末的库存量小于该天的安全库存水平时,LNG资源地才在第$t-L_T$天发货,使LNG在第t天实现到货。

由于LNG接收站的单次订货量Q受LNG船船容V_s限制,而LNG船的船容固定为几种,所以订货量也是固定的几种,该问题转变为离散的优化问题。那么,该问题的求解就不需要利用动态规划算法对所有订货方案进行穷举后得出最优订货计划,只需按库存控制策略对固定的几种船容所对应的订货量制定相应的订货计划。计算各订货计划的期望总成本S,对各总成本进行比较,总成本最小的订货计划就是最优订货计划,该最优订货计划所对应的订货量和到货时间点就是最优订货量$Q_t^*(t=1,2,\cdots,365)$和最优到货时间点$z_t^*(t=1,2,\cdots,365)$。

4.4 制定LNG接收站的年度最优订货计划

LNG接收站的年度最优订货计划需要在这一年的订货提前期L_T之前提交给LNG资源地,提前发出订货。定义LNG的发货时间点为x_t,年度最优订货计划需要确定LNG接收站在下一年的最优订货量$Q_t^*(t=1,2,\cdots,365)$、最优到货时间点$z_t^*(t=1,2,\cdots,365)$、订货提前期L_T、最优发货时间点$x_t^*(t=1,2,\cdots,$

365)及最优订货总次数 n^*。

订货提前期 L_T 为 LNG 运输船从 LNG 资源地码头出发到达 LNG 接收站码头并完成 LNG 卸货作业的总用时,表示为:

$$L_T = T_h + \frac{T_2}{24} + T_x \qquad (4-43)$$

式中 L_T——LNG 接收站的订货提前期,d。

资源地的发货时间点 x_t 根据 LNG 接收站要求的到货时间点 z_t 确定。如果接收站要求在第 t 天到货,那么资源地需要在第 $t-L_T$ 天发货。前面定义了集合 $\Gamma = \{t|z_t = 1\}$ 是一年中要实现 LNG 的到货的时间点的集体,所以发货时间点 $x_t = t - L_T(t \in \Gamma)$。最优发货时间点 x_t^* 可表示为:

$$x_t^* = z_t^*(t - L_T), (t = 1, 2, \cdots, 365) \qquad (4-44)$$

LNG 接收站订货多少次就会到货多少次,因此最优订货次数为一年 365 天中要到货的天数之和,表示为:

$$n^* = \sum_{t=1}^{365} z_t^*, (t = 1, 2, \cdots, 365) \qquad (4-45)$$

4.5 本章小结

分析了物流系统中的一般库存控制策略,设计了 LNG 接收站的库存控制策略。在该库存控制策略的基础上,对 LNG 的三种不同运输方式分别建立了基于静动不确定策略的 LNG 接收站库存控制模型,以 LNC 供应链的期望总成本最低为目标,建立关于最优订货量和最优到货点的库存控制模型。以 W-W 算法对模型进行求解,比选出最优船型,确定 LNG 接收站的最优订货点、最优订货量和最优到货点,制定接收站的年度最优订货计划,分析接收站的库存量随时间的变化情况,在此基础上预测接收站的储备能力和储备时间。

第5章 基于滚动计划的 LNG 接收站库存控制模型

本书在 4.2 节中建立了基于静动不确定策略的 LNG 接收库存控制模型,制定了 LNG 接收站的年度最优订货计划,但是该模型应用于 LNG 接收站的实际库存管理时,还存在一些问题。

LNG 接收站的合同严格遵守"照付不议"的购销模式,这就要求接收站的年度订货计划一旦确定后,订货点和订货量不能更改。然而,LNG 接收站在实际运营时,会因各种因素导致对库存量预测不准确,这些因素包括 LNG 接收站市场的需求可能发生突变、LNG 船受天气影响延迟交货等。一旦出现这种情况,就很有可能导致 LNG 接收站在实现部分需求后原订货点和订货量不再是目标函数的最优解,例如,可能出现 LNG 接收站的库存水平在很高的情况下也要订货,或者 LNG 接收站的库存水平在很低的情况下还不订货,直接造成接收站出现缺货或超货现象。

因此基于静动不确定策略的 LNG 接收站库存控制模型只适用于确定需求实现之前的年度最优订货计划。当 LNG 接收站开始这一年的实际运营,实现下游市场的需求后,就需要以接收站的实际库存量更新以前的库存量预测值。在此基础上,对需求未实现部分的库存量进行重新预测,判断 LNG 接收站是否会出现缺货或超货现象,计算其缺货量和超货量,从而在原年度最优订货计划的基础上制定滚动计划,确保 LNG 接收站不出现缺货和超货现象。

从 LNG 接收站第 1 天运营开始,每天末对接收站的 LNG 库存量进行测量,定义第 t 天测量的实际库存量为 R_t。用 R_t 来更新原预测的第 t 天的库存量 I_t,数据更新之后,按原订货计划在该实际库存量 R_t 的基础上重新预测 t 天之后的剩余时间段里的库存量。若原年度最优订货计划里的 $t+1 \in \Psi$,则表示第 $t+1$ 天不实现 LNG 的到货,那么第 $t+1$ 天的库存量预测值 L_{t+1} 为 $R_t - f_{t+1}$;否则 $t+1 \in \Gamma$,第 $t+1$ 天要实现 LNG 的到货,第 $t+1$ 天的库存量预测值 L_{t+1} 为 $R_t - f_{t+1} + Q$。对时间段 $(t+1, 365)$ 的库存量进行重新预测,定义 $t+1 \leq i \leq 365$,则第 i 天末的新库存量预测值为 L_i,表示为:

$$L_i = R_t - \sum_{j=t+1}^{i} f_j + \sum_{j=t+1}^{i} z_i Q \quad (1 \leq t < 365, t+1 \leq i < 365) \quad (5-1)$$

式中 L_i——LNG 接收站第 i 天末的库存量新预测值,$10^4 m^3$;

R_t——LNG 接收站第 t 天末的实际库存量,$10^4 m^3$。

若原年度最优订货计划里的 $i \in \Psi$,则表示第 i 天不实现 LNG 的到货,比较第 i 天末的库存量 L_i 和最小库存水平 $n_c V_{gl}$,若 $L_i < n_c V_{gl}$,则 LNG 接收站在第 i 天会缺货,应在第 i 天之前增加 LNG 现货贸易防止缺货的发生。

若原年度最优订货计划里的 $i \in \Gamma$,则表示第 i 天要实现 LNG 的到货,比较第 i 天末的库存量 L_i 和最大库存水平 $n_c V_{gh}$,若 $L_i > n_c V_{gh}$,则 LNG 接收站在第 i 天会超货,应在第 i 天之前增加 LNG 的外输量防止超货的发生。

图 5-1 详细分析了在 $(t+1, 365)$ 时间段内 LNG 接收站是否会缺货和超货的判断步骤。定义集合 Ω 是一年中缺货的时间点的集体,则 $\Omega = \{i | L_i < n_c V_{gl}\}$;定义集合 Λ 是一年中超货的时间点的集合,则 $\Lambda = \{i | L_i > n_c V_{gh}\}$。

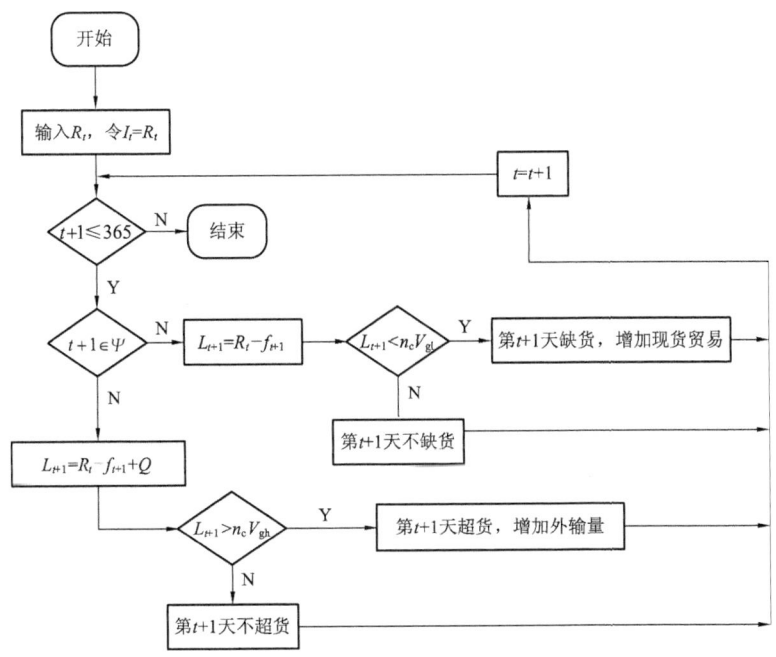

图 5-1 LNG 接收站超货、缺货的判断框图

5.1 建立基于滚动计划的 LNG 接收站库存控制模型

LNG 接收站在第 t 天的需求实现后,可以直接测得接收站的库存量 R_t,该库存量为接收站的实际库存量,在原年度最优订货计划的基础上以该实际库存

量重新预测$(t+1,365)$时间段内的库存量,以该新库存量预测值来判断 LNG 接收站是否会缺货或超货。对于超货的情况,增加 LNG 现货贸易来弥补缺货量。但是 LNG 的现货贸易合同规定必须提前 1 个月提交 LNG 现货贸易订货计划。因此,当第 t 天的需求实现后,应首先以该实际库存量 R_t 重新预测$(t+30, t+60)$时间段内的库存量。当预测到第 $i(t+30 \leq i \leq t+60)$ 天会缺货时,就在第 t 天发出 LNG 现货贸易的订货。定义 LNG 现货贸易的订货提前期为 L_T,那么现货贸易资源地会在第 $i - L_T$ 天发货,LNG 接收站则刚好在第 i 天实现 LNG 现货贸易的到货。依次类推,利用每天的实际库存量来重新预测下一个月的库存量,以提前一个月制定现货贸易的订货计划。特别地,在上一年与下一年的衔接处以上一年 12 月份的实际库存量来预测下一年 1 月份的库存量,提前判断每年的 1 月份是否会缺货或超货,计算缺货量和超货量,从而制定相应的增加 LNG 现货贸易和增加 LNG 接收站外输量的滚动计划。以提前确定每年 1 月份的现货贸易的到货点和订货量。定义 y_t 为 LNG 接收站增加的现货贸易的到货时间点,在第 t 天要实现 LNG 现货贸易的到货,则 $y_t = 1$,增加的现货贸易量为 Q_t,否则 $y_t = 0$。现货贸易的库存关系示意图如图 5-2 所示。

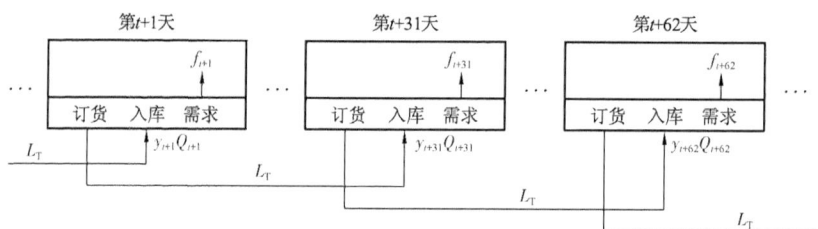

图 5-2　基于滚动计划的库存关系示意图

5.1.1　改进基于滚动计划的库存控制模型

(1)基于滚动计划的库存控制模型控制的是计划时间段的新订货计划,目的在于制定最优的订货计划;而 LNG 接收站的滚动计划是在年度订货计划的基础上增加的计划,目的在于使年度订货计划保持最优性。

(2)基于滚动计划的库存控制模型是在上一期的需求实现后制定下一期的订货计划;而由于 LNG 现货贸易要求至少提前 1 个月提交滚动计划,因此需求提前 1 个月制定滚动计划。

(3)基于滚动计划的库存控制模型的总成本包括订货成本、库存成本及缺货成本;而由于 LNG 接收站的滚动计划是在原订货计划的基础上增加的计划,原订货计划已经考虑了 LNG 的订货成本、库存成本和缺货成本,此处只需增加

LNG 的缺货成本和超货成本。

（4）基于滚动计划的库存控制模型的到货时间点没有限制；而基于滚动计划的 LNG 接收站库存控制模型的到货时间点不能与原订货计划的到货时间点冲突。

5.1.2 建立基于滚动计划的 LNG 接收站库存控制模型

LNG 接收站的滚动计划是在 LNG 接收站开始运营后，在原来的年度最优订货计划的基础上制定的补救计划。滚动计划的目的在于保证 LNG 接收站不会缺货和超货。所以，基于滚动计划的 LNG 接收站库存控制模型的期望总成本只包括 LNG 接收站的年超货成本和年缺货成本。定义 π_i 为 LNG 的单位缺货成本，δ_i 为 LNG 的单位超货成本，则 $(t+1,365)$ 时间段内的期望总成本表示为：

$$S = \sum_{i=t+1}^{365} \{\pi_i E[(R_t - \sum_{j=t+1}^{365} f_j + \sum_{j=t+1}^{365} z_j Q - n_c V_{gl})^-]\}$$
$$+ \sum_{i=t+1}^{365} \{\delta_i E[(R_t - \sum_{j=t+1}^{365} f_j + \sum_{j=t+1}^{365} z_j Q - n_c V_{gh})^+]\} \quad (5-2)$$

其中，$R_t - \sum_{j=t+1}^{365} f_j + \sum_{j=t+1}^{365} z_j Q = L_i$，所以 $(t+1,365)$ 时间段内的期望总成本可改写为：

$$S = \sum_{i=t+1}^{365} \{\pi_i E[(L_i - n_c V_{gl})^-]\} + \sum_{i=t+1}^{365} \{\delta_i E[(L_i - n_c V_{gh})^+]\} \quad (5-3)$$

其中，$E[(L_i - n_c V_{gl})^-] = E[\max\{n_c V_{gl} - L_i, 0\}]$，表示 LNG 接收站在第 i 天的缺货量。$E[(L_i - n_c V_{gh})^+] = E[\max\{L_i - n_c V_{gh}, 0\}]$，表示 LNG 接收站在第 i 天的超货量。LNG 接收站的年期望总成本应该从接收站第 1 天的需求实现后开始计算，以第 1 天的实际库存量来重新预测库存量。因此，LNG 接收站的年期望总成本可表示为：

$$S = \sum_{i=2}^{365} \{\pi_i E[(L_i - n_c V_{gl})^-]\} + \sum_{i=2}^{365} \{\delta_i E[(L_i - n_c V_{gh})^+]\} \quad (5-4)$$

基于滚动计划的 LNG 接收站库存控制模型可以表示为：

$$\min\left\{ \sum_{i=2}^{365} \{\pi_i E[(L_i - n_c V_{gl})^-]\} + \sum_{i=2}^{365} \{\delta_i E[(L_i - n_c V_{gh})^+]\} \right\}$$

s.t. $L_i = R_t - \sum_{j=t+1}^{365} f_j + \sum_{j=t+1}^{365} z_j Q$

$1 \leq t \leq 364$

$t+1 \leqslant i \leqslant 365$

$z_j \in \{0,1\}, (j=2,3,\cdots,365)$

$E[(L_i - n_c V_{gl})^-] = E[\max\{n_c V_{gl} - L_i, 0\}], (i = t+1, t+2, \cdots, 365)$

$E[(L_i - n_c V_{gh})^+] = E[\max\{L_i - n_c V_{gh}, 0\}], (i = t+1, t+2, \cdots, 365)$

$$(5-5)$$

5.2 求解基于滚动计划的 LNG 接收站库存控制模型

当 LNG 接收站每天都不会缺货和超货时,就不会产生缺货成本和超货成本,此时的期望总成本最小为 0。因此,对该模型的求解过程即是对接收站的新库存量 L_i 进行控制的过程,保证该新库存量 L_i 始终处于 LNG 接收站的最小库存水平 $n_c V_{gl}$ 和最大库存水平 $n_c V_{gh}$ 之间,即保证 $n_c V_{gl} \leqslant L_i \leqslant n_c V_{gh}$。新库存量 L_i 的控制通过增加 LNG 现货贸易和增加接收站外输量的滚动计划来实现。

5.3 制定 LNG 接收站的滚动计划

所谓滚动计划就是防止 LNG 接收站缺货和超货的补救计划,在 LNG 接收站缺货时,增加 LNG 现货贸易对 LNG 库存进行补充,保证 $L_i \geqslant n_c V_{gl}$。当 LNG 接收站超货时,增加 LNG 接收站的外输量,为即将到来的 LNG 卸货量空出足够的储存空间,保证 $L_i \leqslant n_c V_{gh}$。

5.3.1 制定增加 LNG 现货贸易的滚动计划

(1)现货贸易订货限制。

3.1 节详细介绍了 LNG 贸易的特点,由于现货贸易合同要求至少提前 1 个月向 LNG 资源地提交现货贸易订货计划。因此,当 LNG 接收站第 t 天的需求实现后,按原订货计划对需求未实现部分(第 $t+1$ 天到第 365 天)的库存量进行重新预测,只能对第 $t+30$ 天后的缺货情况制定增加 LNG 现货贸易的计划。以计划时间段的第一天($t=1$)的需求实现后开始制定滚动计划,则在每年的第一个月内不能增加现货贸易。此时,应该从上一年的 12 月 1 号开始以接收站的实际库存量来预测下一年 1 月的 LNG 库存量,当预测到 LNG 接收站会在 1 月缺货时,立刻制定现货贸易订货计划,那么该现货贸易就能在 1 月缺货之前到达 LNG 接收站对库存进行补充。依次类推,以 1 月的实际库存量来制定 2 月的现货贸易计划。这样就能满足提前 1 个月提交现货贸易订货计划的要求。

（2）最短卸船间隔时间限制。

由于 LNG 接收站为了避免 LNG 船出现排队的现象，对相邻两船的最短卸船间隔时间 T_j 进行了限制，所以当预测到 LNG 接收站需要增加 LNG 现货贸易后，该现货贸易的到货时间点不能与原年度最优订货计划的到货时间点冲突，即增加的现货贸易的 LNG 到货时间点 y_t 不能与原订货计划中 LNG 的到货时间点 z_t^* 处在同一天，也不能处在 $[z_t^* - T_j, z_t^* + T_j]$ 的时间段内，否则 LNG 接收站码头会出现 LNG 船出现排队等待的现象，增加不必要的码头使用费。

若现货贸易计划要求增加的 LNG 现货贸易在第 i 天实现到货时，应首先对原年度最优订货计划中的第 $i - T_j$ 天至第 $i + T_j$ 天内的订货计划进行检查，只有在 $[i - T_j, i + T_j]$ 时间段内没有 LNG 的到货时才能在第 i 天实现现货贸易的到货。

以 $\sum_{k=i-T_j}^{i+T_j} z_k$ 是否为 0 来判断原订货计划在 $[i - T_j, i + T_j]$ 时间段内是否有 LNG 的到货。若 $\sum_{k=i-T_j}^{i+T_j} z_k = 0$，则原订货计划在 $[i - T_j, i + T_j]$ 时间段内没有 LNG 的到货，接收站可以在第 i 天增加 LNG 现货贸易的到货。现货贸易量的订货量 Q' 在弥补缺货量的情况下不能大于 LNG 接收站的最大库存水平，即 $Q' < n_c V_{gl} - L_i + n_c V_{gh}$。同时 Q' 还要保证 LNG 接收站在增加了这次 LNG 现货后，接收站在第 i 天之后的第一次订货（定义该第一次订货发生在第 $i + s$ 天，则原最优年度订货中 $z_{i+s} = 0$）实现到货时，LNG 接收站能有足够的储存空间容纳这部分 LNG，因此 $Q' < n_c V_{gh} + \sum_{t=i+1}^{i+s} f_t - Q$。所以，LNG 接收站在第 i 天增加的现货贸易的订货量 Q' 需要同时满足上述两个要求，因此 Q' 的最小值应取两个条件中较小的一个，表示为：

$$Q' < \min\left\{ n_c V_{gl} - L_i + n_c V_{gh}, n_c V_{gh} + \sum_{t=i+1}^{i+s} f_t - Q \right\} \quad (5-6)$$

式中　Q'——LNG 接收站增加的现货贸易的订货量，$10^4 m^3$。

若 $\sum_{k=i-T_j}^{i+T_j} z_k \neq 0$，则 LNG 接收站的原年度最优订货计划在 $[i - T_j, i + T_j]$ 时间段内有 LNG 的到货，不能在第 i 天实现现货贸易的到货。只能提前一天增加该现货贸易，再判断原订货计划中的 $[i - 1 - T_j, i - 1 + T_j]$ 时间段内是否一直没有到货计划。若是，则在第 $i - 1$ 天实现该现货贸易的到货，否则再将该现货贸易的到货时间点提前一天,依次类推。但是,该现货贸易的时间点 y_t 不能无限制地提前,因为该时间点越提前,LNG 接收站的库存量就越大,很有可能出现 LNG 船到达接收站后 LNG 储罐没有足够的剩余储存空间来容纳 LNG 船卸货量的现象。此时,LNG 接收站则不能增加这次现货贸易。现货贸易的到货时间点 y_t 的确定框图如图 5-3 所示,具体判断步骤如下所示:

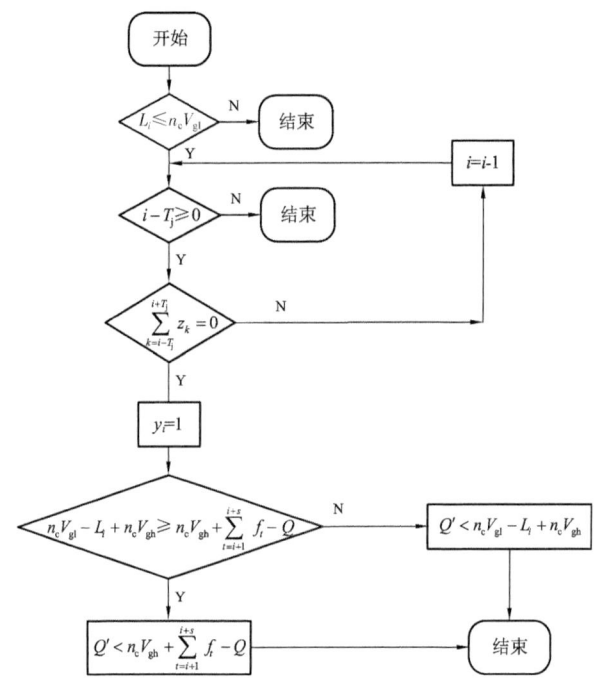

图 5-3 现货贸易到货时间点的判断框图

步骤 1:若 $L_i \leqslant n_c V_{gl}$,则 LNG 接收站在第 i 天缺货,需要增加 LNG 现货贸易,转到步骤 2,否则转到步骤 9;

步骤 2:若 $\sum_{k=i-T_j}^{i+T_j} z_k = 0$,则转到步骤 3,否则转到步骤 4;

步骤 3:LNG 接收站可以在第 i 天实现 LNG 现货贸易的到货计划,现货贸易量 $Q' < \min \left\{ n_c V_{gl} - L_i + n_c V_{gh}, n_c V_{gh} + \sum_{t=i+1}^{i+s} f_t - Q \right\}$,转到步骤 9;

步骤 4:若 $\sum_{k=i-T_j}^{i+T_j-1} z_k = 0$,则转到步骤 5,否则转到步骤 6;

步骤 5:LNG 接收站可以在第 $i-1$ 天实现 LNG 现货贸易的到货计划,现货

贸易量 $Q' < \min\left\{n_c V_{gh} - L_{i-1} + n_c V_{gh}, n_c V_{gh} + \sum_{t=i}^{i+s} f_t - Q\right\}$，转到步骤9；

步骤6：若 $\sum_{k=i-T_j-2}^{i+T_j-2} z_k = 0$，则转到步骤7，否则转到步骤8；

步骤7：LNG接收站可以在第 $i-2$ 天实现LNG现货贸易的到货计划，现货贸易量 $Q' < \min\left\{n_c V_{gh} - L_{i-2} + n_c V_{gh}, n_c V_{gh} + \sum_{t=i-1}^{i+s} f_t - Q\right\}$，转到步骤9；

步骤8：$i = i - 1$，若 $i \geq 1$，则转到步骤6，否则转到步骤9；

步骤9：结束。

5.3.2 制定增加LNG外输量的滚动计划

当预测到LNG接收站在第 i 天会出现超货现象时，需要在第 i 天之前增大LNG接收站的外输量，保证LNG储罐有足够的剩余储存空间容纳下一艘LNG船的卸货量。定义第 i 天的超货量为 Q''，则 $Q'' = L_i - n_c V_{gh}$，LNG接收站必须在第 i 天之前将外输量增加 Q''。由于LNG接收站的外输量分为气化外输量和槽车装车量，所以要增加LNG接收站的外输量，可以有以下两种形式。

(1) 增加气化外输量。

只有第 i 天之前LNG接收站的气化外输量没有达到最大时，才能通过增加气化外输量的方法来增大LNG接收站的外输量。此时，将LNG接收站的所有气化器全开，气化外输量增加到最大值 q_{gmax}，在3.2.1中已经定义了 q_{gmax}，表示为：

$$q_{gmax} = 2.4 \frac{n_o q_o + n_s q_s}{\rho_{LNG}} \quad (5-7)$$

LNG接收站在第 $i-1$ 天增加的气化外输量为 $q_{gmax} - g_{i-1}$，如果 $Q'' \leq q_{gmax} - g_{i-1}$，则只需要在第 $i-1$ 天增加 Q'' 的外输量就能保证接收站不出现超货现象。如果 $Q'' > q_{gmax} - g_{i-1}$，则第 $i-2$ 天也需要增加气化外输量，增加的气化外输量为 $q_{gmax} - g_{i-2}$，依次类推，直到增加的总外输量达到 Q'' 为止。由于LNG接收站每天的气化外输量不同，能增加的气化外输量也不同，在冬季这样的用气高峰时间段接收站的气化器基本处于全开的状态使气化外输量达到最大。此时，则不能靠增加气化外输量来增加接收站的外输量。所以，该方法不稳定，不能时刻保证能使接收站不出现超货，建议采用增加接收站的槽车装车量来防止超货现象的出现。

(2) 增加LNG槽车装车量。

增加LNG接收站的槽车装车量可较快地增加接收站的外输量，当接收站全天都在进行槽车装车时能达到最大装车量 q_{vmax},LNG 接收站每天需要进行的装车量为 q_v,在 3.2.1 节中定义了 q_{vmax} 和 q_v,分别表示为:

$$q_{vmax} = 2.4 \frac{n_v v_v}{\rho_{LNG}} \qquad (5-8)$$

$$q_v = \frac{1000 Q_v}{365 \rho_{LNG}} \qquad (5-9)$$

LNG 接收站每天能增加的槽车外输量为 $q_{vmax} - q_v$,所以,接收站需要将外输量提高到 q_{vmax} 的天数为:

$$T_v = \frac{L_i - n_c V_{gh}}{q_{vmax} - q_v} \qquad (5-10)$$

式中 T_v——LNG 接收站提前将槽车装车量增加到最大的天数,d。

LNG 接收站需要在 $i - T_v$ 天开始增加槽车装车量,每天的槽车装量达到 q_{vmax},才能保证 LNG 接收站在第 i 天不出现超货现象。

5.4 本章小结

当 LNG 接收站的需求部分实现后,针对接收站因年度订货计划中的订货点和订货量不能更改导致原年度最优订货计划不再具有最优性的缺点,建立了基于滚动计划的 LNG 接收站库存控制模型。以需求实现后的实际库存量更新原订货计划中的库存量预测值,重新预测需求未实现部分的库存量,从而判断出接收站缺货和超货的时间点,计算其缺货量和超货量,制定相应的增加 LNG 现货贸易和增加 LNG 槽车装车量的滚动计划,防止接收站出现缺货和超货现象,使 LNG 接收站的由缺货成本和超货成本构成的期望总成本最低,保证接收站正常运营。

参考文献

[1] 王希勇,罗雨香,龙刚,等. 中国天然气供应安全战略研究[J]. 中国能源,2006,28(2):23-25.

[2] 李扬. 广东液化天然气项目供应链的优化研究[J]. 水运管理,2003,5:004.

[3] Liu S P. 2015年我国LNG进口量将达到2500万吨规模[EB/OL]. (2013-04-01)[2014-06-01]. http://www.chyxx.com/industry/201304/197923.html.

[4] 马国光,吴晓南,王元春. 液化天然气技术[M]. 北京:石油工业出版社,2012:1-3.

[5] 马赛. 城市LNG供需关系的调研分析[J]. 科学与财富,2013(10):153-154.

[6] 郭揆常. LNG接收站建设[J]. 上海电力,2005,17(6):492-495.

[7] 邢云,刘淼儿. 中国液化天然气产业现状及前景分析[J]. 天然气工业,2009,29(1):120-123.

[8] 郭颖. LNG接收站储备与调峰机制[J]. 中国科技信息,2012(11):58.

[9] 邢云. 中海油LNG产业链的形成及发展[J]. 天然气工业,2011,30(7):103-106.

[10] 顾安忠. 迎向"十二五"中国LNG的新发展[J]. 天然气工业,2011,31(6):1-11.

[11] 张耀光,刘桂春,刘锴,等. 中国沿海液化天然气(LNG)产业布局与发展前景[J]. 经济地理,2010,30(6):881-885.

[12] 陈雪,马国光,付志林,等. 我国LNG接收终端的现状及发展新动向[J]. 煤气与热力,2007,27(8):63-66.

[13] 黄洪涛,丁蓉,孙凯. 世界LNG海运市场现状及展望[J]. 世界海运,2005,28(1):17-18.

[14] 刘志仁. 大型液化天然气调峰站储罐的选择[J]. 煤气与热力,2009,29(2):14-18.

[15] 曹文胜,鲁雪生,顾安忠,等. 液化天然气接收终端及其相关技术[J]. 天然气工业,2006,26(1):112-115.

[16] 张薇. LNG项目的储气调峰作用[J]. 天然气工业,2010,30(7):107-109.

[17] Avery W, Brown G G, Rosenkranz J A, et al. Optimization of purchase, storage

and transmission contracts for natural gas utilities[J]. Operations Research, 1992,40(3):446-462.

[18] Christiansen M. Decomposition of a combined inventory and time constrained ship routing problem[J]. Transportation Science,1999,33(1):3-16.

[19] Kuwahara N, Bajay S V, Castro L N. Liquefied natural gas supply optimisation [J]. Energy conversion and management,2000,41(2):153-161.

[20] Christiansen M, Fagerholt K, Ronen D. Ship routing and scheduling:Status and perspectives[J]. Transportation Science,2004,38(1):1-18.

[21] Gary P. Maximizing LNG supply chain efficiency with simulation modeling [C]// Offshore Technology Conference, Houston, Texas, May 5-8,2003.

[22] Özelkan E C, D'Ambrosio A, Teng S G. Optimizing liquefied natural gas terminal design for effective supply-chain operations[J]. International Journal of Production Economics,2008,111(2):529-542.

[23] Andersson H, Hoff A, Christiansen M, et al. Industrial aspects and literature survey:Combined inventory management and routing[J]. Computers & Operations Research,2010,37(9):1515-1536.

[24] Grønhaug R, Christiansen M. Supply chain optimization for the liquefied natural gas business[J]. Innovations in Distribution Logistics,2009:195-218.

[25] Anderssona H, Hoffb A, Christiansena M, et al. Industrial aspects and literature survey:Combined inventory management and routing[J]. Computers & Operations Research,2010,37(9):1515-1536.

[26] Andersson H, Christiansen M, Fagerholt K. Transportation planning and inventory management in the LNG supply chain[J]. Energy, natural resources and environmental economics,2010:427-439.

[27] Rakke J G, Stålhane M, Moe C R, et al. A rolling horizon heuristic for creating a liquefied natural gas annual delivery program[J]. Transportation Research Part C:Emerging Technologies,2011,19(5):896-911.

[28] 刘涵,刘丁,郑岗,等. 基于最小二乘支持向量机的天然气负荷预测[J]. 化工学报,2004,55(5):828-832.

[29] 焦文玲,秦裕琨,赵林波. 城市燃气负荷预测系统体系研究[J]. 天然气工业,2005,25(1):155-157.

[30] 李庆生. 武汉市城市天然气负荷预测和调峰方式优化[D]. 武汉:华中科技大学,2006.

[31] 苏欣,袁宗明,张琳. 城市天然气负荷特点及其预测研究[J]. 油气储运,

2007,26(1):5-9.

[32] 初良勇. 中国进口 LNG 运输船型论证[D]. 大连:大连海事大学,2000.

[33] 黄俊林. 广东 LNG 项目运输最佳船型经济论证[D]. 上海:上海海事大学,2005.

[34] 黄涛. LNG 运输航线风险评估及航线配船研究[D]. 武汉:武汉理工大学,2012.

[35] 叶郁,周乃杰,于海. 确定 LNG 接收站储存能力的探讨[J]. 河北化工, 2006,29(11):43-44.

[36] 郑云萍,李薇,李伟,等. 计算 LNG 接收站周转及储备能力的数学模型[J]. 天然气工业,2010,30(7):73-75.

[37] Hatefi M,Mousaei A,Ghadirian A. An Integrated Model for Selecting the Best Fuel to Develop in the Value Chain of Natural Gas[C]// International Petroleum Technology Conference,2013.

[38] Langley C,Spaander A. Integrating an LNG Plant with an Unconventional Gas Supply [C]//International Petroleum Technology Conference,2013.

[39] Pattison G. Maximizing LNG Supply Chain Efficiency with Simulation Modeling [C]// Offshore Technology Conference,2003.

[40] Price B,Talib J H. LNG Barges:The Offshore Solution for Export of US Pipeline Gas [C]// Offshore Technology Conference,2013.

[41] Verghese J T,Ballout N. Development Options for North American LNG Export:The Merits of Inshore Deployed FLNG for Liquefaction of Onshore Shale Gas and Examination of Principal Technology Drivers[C]// Offshore Technology Conference,2013.

[42] 祥茹,延昌,学琴,等. 现代物流管理[M]. 北京:人民交通出版社,2001.

[43] 王道平,侯美玲. 供应链库存管理与控制[M]. 北京:北京大学出版社,2010.

[44] 张彦军. 基于库存的企业物流管理及控制的研究与应用[D]. 成都:四川大学,2001.

[45] 沈厚才,陶青,陈煜波. 供应链管理理论与方法[J]. 中国管理科学,2000, 8(1):1-9.

[46] 朱九龙,陶晓燕. 我国供应链库存管理研究综述[J]. 商场现代化,2006 (02Z):129.

[47] 廖英武. 供应链环境下的物流配送中心选址研究[D]. 湖南:长沙理工大学,2008.

[48] 朱翠玲. 企业备件管理若干管理模型及其应用研究[D]. 合肥:中国科学技术大学,2006.

[49] 张正祥,牛芳. 供应链管理环境下的单周期库存控制建模及优化[J]. 工业工程与管理,2002,7(4):20 – 22.

[50] 蒋惠园,程小飞. 经济订货批量(EOQ)数学模型研究[J]. 武汉理工大学学报:交通科学与工程版,2003,27(4):525 – 527.

[51] 袁宗明,谢英,梁光川. 城市配气[M]. 北京:石油工业出版社,2004.

[52] 杨杰. 非平稳需求库存控制策略研究[D]. 合肥:中国科学技术大学,2007.

[53] 王慧枝. 非平衡需求条件下备件库存控制方法研究[D]. 沈阳:东北大学. 2008.

[54] 薛蓉,李磊. 国际LNG贸易的发展趋势分析[J]. 商业时代,2011(4):41 – 42.

[55] 郑洪弢. LNG现货贸易:全球的发展与我国的尝试[J]. 国际石油经济,2007,15(12):69 – 72.

[56] 梁永宽,魏光华,皇甫立霞. 国际LNG贸易合同演变及其动因[J]. 天然气工业,2009,29(5):125 – 127.

[57] 王刚. 我国LNG项目中"照付不议"合同的若干问题研究[J]. 上海煤气,2005(3):12 – 15.

[58] 王家祥,罗伟中,陈翔,等. LNG总买总卖模式上下游天然气销售合同商务架构搭建与风险传递[J]. 中国工程科学,2011,13(5):98 – 102.

[59] 祁超忠. LNG船舶运输特点及发展[J]. 航海技术,2007(1):41 – 43.

[60] 袁海玲,赵保才,王稳桃. LNG资源和LNG贸易介绍[J]. 天然气工业,2005,25(5):96 – 99.

[61] 冯文. 贸易术语FOB条件下的出口风险解析[J]. 福建商业高等专科学校学报,2009(2):16 – 18.

[62] 冯丽伟. 国际工程承包中国际贸易术语DES,DDP的选择,注意事项及案例分析[J]. 赤峰学院学报:自然科学版,2009(10).

[63] 黑丽民,侯予,孙烨. 液化天然气船研究进展及其相关问题探讨[J]. 天然气工业,2002,22(3):92 – 95.

[64] 陈达. 世界液化天然气运输船市场前景看好[J]. 机电设备,2002,19(3):34 – 37.

[65] 张则松,王言英. LNG运输船船型浅析[J]. 船舶工程,2003,25(4):25 – 30.

[66] 孙青峰,赵德贵.LNG 接收站储罐配置[J].油气储运,2009,28(3):17 -18.

[67] 贾士栋,吕俊,邓青.LNG 接收站最大/最小外输量的确定方法——以浙江 LNG 接收站为例[J].天然气工业,2013,33(006):86-90.

[68] 杜光能.LNG 终端接收站工艺及设备[J].天然气工业,1999,19(5):82 -86.

[69] 王彦,冷绪林,简朝明,等.LNG 接收站气化器的选择[J].油气储运, 2008,27(3):47-49.

[70] 马士华,林勇,陈志祥.供应链管理[M].北京:中国人民大学出版社,2005.

[71] 张雅君,刘全胜.需水量预测方法的评析与择优[J].中国给水排水, 2001,17(7):27-29.

[72] 张雅波,张跃龙.定性预测方法[J].吉林建筑工程学院学报,1999(1): 59-62.

[73] 杨文宽.油气定量预测方法的探讨[J].石油与天然气地质,1981,2(2): 104-113.

[74] 邓聚龙.灰理论基础[M].武汉:华中科技大学出版社,2002.

[75] 罗党,刘思峰,党耀国.灰色模型 GM(1,1)优化[J].中国工程科学, 2003,5(8):50-53.

[76] 李薇,汪玉春,丁俊刚.灰色系统理论在储运工程中的应用综述[J].天然气与石油,2006,24(4):6-8.

[77] 谢乃明,刘思峰.离散 GM(1,1)模型与灰色预测模型建模机理[J].系统工程理论与实践,2005,25(1):93-99.

[78] 刘思峰.灰色系统理论及其应用[M].北京:科学出版社,2008.

[79] 徐春迎,阮文彪.供应链不确定性与安全库存研究[J].商业研究,2005 (13):65-68.

[80] 陈汝夏,刘涛.LNG 接收站船岸界面匹配研究[J].油气储运,2012,31 (B05):60-63.

[81] 聂军.论供应链环境下的库存管理[D].北京:对外经济贸易大学,2004.

[82] 王继亮.物流系统转运和库存策略研究[D].北京:清华大学,2007.

[83] Cornot - Gandolphe S. LNG cost reductions and flexibility in LNG trade add to security of gas supply [J]. IEA (2005): Energy Prices and Taxes, Quarterly Statistics, First Quarter,2005.

[84] 董福贵,贾朝晖,刘慧美.基于连续性库存检查策略的库存系统仿真优化

[J]. 计算机系统应用,2013(12).

[85] Eisbrenner K,Lee J H,Choi D K. Stranded Gas Field Development with Cluster LNG Technology[C]//Offshore Technology Conference,2013.

[86] Attanasi E D,Freeman P A. Meeting Asia's Future Gas Import Demand With Stranded Natural Gas From Central Asia Russia Southeast Asia and Australia[J]. SPE Economics & Management,2013,5(02):1-14.

[87] 王新. 如何解决配件供应率与储存成本的矛盾[J]. 汽车维修,2004(8):7-8.

[88] 陈煜亮,胡美丽,邵黎颖. EOQ 在 LNG 接收站库船协调中的应用[J]. 水运科学研究,2006,3:002.

[89] 靳祝恒. 合理节约港口使费有效提高船舶经济效益[J]. 航海技术,2010(4):37-38.

[90] 李思锦. 船舶动力系统的设计与研究[D]. 大连:大连理工大学,2012.

[91] 谭宇. 船舶营运成本的分析与控制[D]. 大连:大连海事大学,2005.

[92] 黄涛. 船舶运输成本分析与控制[D]. 大连:大连海事大学,2002.